別人家的碗櫃

一只碗一對杯
都是故事

怎麼還會有比參觀別家碗櫃更有趣的事

俗話說，萬事起頭難。一開始只是想利用我們雜誌編輯與陶藝家的專業知識，針對室內設計與陶藝品的結合與運用進行提案。但後來發現，我們拿手的並非牽一髮動全身的整體裝潢，而是廚房裡的碗櫃。於是我們決定，將範圍縮減至廚房，焦點放在碗櫃裡形形色色的碗盤。

碗櫃裡的碗盤餐具，並非衣服、包包等，可以穿著、提著到處展示的物品。因此總是更直接且深刻地，反映著主人最接近本能的喜好與取向。想像一群親密的好友來訪，主人從碗櫃的深處取出平常捨不得用，最為珍藏的碗盤的畫面，不難理解碗盤確實表達著主人的體面。

每當遇見別具特色的碗盤，就會要求主人讓我們參觀整個碗櫃。久而久之，心情也似乎變成為了參觀碗櫃而四處探訪。欣賞

著風格獨特的碗櫃，我們也受益良多。從碗櫃中取出的珍貴碗盤，背後總有耐人尋味的故事。我們選定十則收錄於本書，卻總是擔心遺漏了什麼，或者多餘了什麼。

除了碗櫃主人的故事，我們儘可能展現更多樣化的碗盤器具，真希望能將全世界所有的碗盤都裝進這本書。期盼書中無數的餐盤、杯具、碗缽，能將我們在現場感受到的平靜、喜悅與悸動，以及一點點的占有欲、想讓每個人的生活更美好的野心，傳遞給所有讀者。若是喜愛陶瓷器具與藝品的人也能因此增多，更是令我們感激涕零。

雖然完全理解我們的意圖，但還是必須向這 10 位為我們敞開櫃門並分享故事的年輕品味家，傳達感謝之意。在無比忙碌的行程中，依然爽快答應替我們拍照的金善雅室長與鄭俊澤室長，托兩位的福才能有如此漂亮的照片。接納急迫的進度與毫無章法

的草稿，將文字與照片完美搭配成冊的出版社編輯部，感謝你們讓我們的心意和想法免於漂流消逝。成為我堅強後盾的家人、陶藝工房 Inclay Ju 全體職員、依然相信我的朋友們、外國朋友們（especially thanks to Steve），對你們有萬般感謝。

講到「碗櫃」，第一個想到的還是最重要的，我們的媽媽。若沒有金富子女士的「花柳」陶瓷品，或者所有碗盤沒有相同配對，只能勉強進行混搭的李丞嬉女士的廚房，我們的故事勢必顯得索然無味。

最後，向今天依然整頓著碗櫃，喀拉喀拉地收藏所有愛與故事的媽媽們，獻上最高的支持與敬意。

懷念著媽媽的碗櫃，

張旻、朱允庚

目次

或大或小，只要擁有一個屬於自己的碗櫃，前往廚房的腳步也會輕快許多。

不僅放在碗櫃裡的器皿變得一目了然，

也能根據季節分門別類，提升每一個碗盤的平均使用率。

厚重的大碗盤放在下層，經常使用的飯碗或杯具，就放在眼前吧。

距離視線愈遙遠，心也變得愈遙遠，這句話不只適用於人際關係。
埋藏在碗櫃深處的餐具，也會因此愈少拿出來用。
把比較容易忽略的小器皿放在竹籃裡，認真地對待它們吧。
竹籃比想像中更堅固，籃中的餐具也有互相支撐的作用，不容易碰撞碎裂。

倘若缺乏將碗盤豎立保存的空間，可靈活運用抽屜。
以尺寸大小分類，高度較低的抽屜也能收納相當數量。
將經常使用的飯碗、菜盤放在瓦斯爐底下的抽屜，
可大幅縮減料理時的動線。

牆面上的隔板或窗邊平台，
可以放上獨特的藝品類餐具，
不僅能常常使用自己喜歡的東西，
擺在那裡就已經是一件藝術。

年輕主婦的
私廚招待

楊晶恩
料理研究者
「萬事皆好事，好好堂」負責人

好好堂，從聽到的瞬間就令人有好心情的名字。字面上傳達的意象與讀音的韻律，讓人感覺馬上就會有許多好事發生。或許是因為好好堂是母親為出嫁女兒取的名稱，完全沒有商業營利的氣息，甚至完全不像餐廳的「商號」，而是人們交往聚會的「堂號」。因名稱而讓人更想靠近的好好堂，有一位透過喜愛的料理，向人們傳遞幸福與快樂的楊晶恩小姐。

從「精米所」到「好好堂」

楊晶恩在韓服與宮廷料理達人奶奶，以及從事韓服相關工作的父親照顧下，度過與眾不同的童年。課後點心總是傳統糕餅，秋冬之際總是幫忙處理 200 ～ 300 顆大白菜，而「為美味付出的事，非關辛苦」的態度，也因此深深刻在她的心中，更在如此的成長背景中，埋下了今日的種子。

時值升學之際，她受到當時紅遍大街小巷的韓劇影響，志願報考飯店經營學系，卻因為競爭過於激烈，轉而進入「應該差不多」的商業經營學系。畢業後如願進入飯店工作，最後依然回到了料理之路。

「我任職於飯店的食品材料管理部門，每次處理完檔案，為了檢視需要的食材前去廚房，主廚們的表情是我看過最幸福的，整個臉簡直都在發光。」

從小就品嘗過八方美食，加上一直以來對料理的熱忱，對自己的味覺相當有自信的楊晶恩，正式接受料理課程後，首先開設了「用清淨的水煮美味的飯，精米所」（這個名字也是出自母親之手）。

精米所的主菜單，就是像母親為孩子準備，樸實卻豐盛的傳統拌飯。
雖然開設不久即有門庭若市之勢，但她卻逐漸疲乏。

「獨自準備料理實在太累，擔心自己開始對客人招待不周，而
這並非我的本意，才忍痛結束營業。」

楊晶恩在結束精米所後步入家庭，接著在桂洞開設「好好堂」，
重新進入料理世界。

「不是為了要做點事情而重開餐廳。因為內心深處還是很喜歡料理，所以想嘗試各種有關料理的事，以後如果真的找到最愛，就可以往那條路繼續走。」

離開桂洞，搬到現在的位置不知不覺已經 2 年。在好好堂，她親自製作糕餅、以母親的心情張羅新嫁娘要送去婆家的料理[註]、對外國人開設韓食課程、向忙碌的上班族們傳遞料理的美好，認真享受「好好堂 2.0」的美妙時期。

捕捉韓食的脈絡

楊晶恩擁有的碗盤，許多都與韓食相襯。尤其是開設精米所時準備的白瓷餐具，成為樸實廚房最有分量的基底。開設精米所時，她決心不使用任何塑膠製品，而大量購入精緻的韓國陶瓷器；宛如丹楓散發著火紅色澤的原木托盤也是那時候買的。為了在預算內找到品質滿意的用品，四處奔波的情景如今也成為楊晶恩的收藏品之一。當初想要打造最舒適的座位空間而竭力購入的所有用品，依舊井然有序地堆疊在好好堂的一角，持續發揮迷人的魅力。

楊晶恩將經常使用的碗盤排列在開放式的隔板上，讓我們一眼就能觀察到她的品味。她對著想要在流理台上方的碗櫃找到收藏品

（註）新嫁娘要送去婆家的料理：在韓國習俗中，要結婚的男女雙方都要製作好幾盒家常料理送去對方家中，作為婆家指導新媳婦廚藝的參考，也能讓媳婦事先了解婆家的飲食習慣。現今演變成雙方互相拜訪送禮的常見物品之一。

的我們說，只要眼睛看不到，就會喪失使用的機會，所以她不會把餐具放在碗櫃裡。身為主婦的我們，對這句話深有同感。套一句她的話，清楚記得「第三格抽屜裡有青花瓷菜盤，第五格抽屜裡有花紋義大利麵盤」的人少之又少。她身後的多層隔板上，放著各式各樣的白色碗盤，也有幾個像是青瓷的餐具。最神奇的是，它們看起來充滿了「韓國文化氣息」，卻幾乎沒有真正的傳統瓷器。

「每個朋友都問我，這些碗盤在哪裡買的。當我回答『大創』的時候，大家都笑了。在大創可以買到便宜的基本碗盤，『無印良品』和一般生活百貨的碗盤也不錯。」找到便宜又符合喜好與需求的商品，實在不容易。因為各種要素而讓楊晶恩擁有「尋求傳統脈絡的最佳化效能」，才讓這件事情變得可行。或許，這就是所謂的「眼光」吧？

收藏碗盤的理由

楊晶恩添購碗盤有 2 種理由。首先是為了讓課程學員能有美好的體驗，另一個就是撫慰自己心中的遺憾。來到好好堂學料理的人們，也包含只做過一兩次菜，甚至完全不曾下廚的人，反而更想讓這些人使用、體驗優質餐廚用品。所以她總會搭配菜單的內容，毫不猶豫地添購各種相襯的碗盤。最近也為了製作風味豐富多層次的燉肉料理，並讓多人分享美味的成品，特地買了 Staub 品牌的燉鍋。

為了自己而買的碗盤，就以慰藉效用為多。好好堂從桂洞遷移至現址時，原本非常珍惜的桌子卻不得不被留下。這樣的遺憾讓她決心，若不是要長久居留的地方，絕對不要累積太多大件家具。在無法購買桌椅或櫥櫃的情況下，她選擇以喜歡的餐具作為補償。到喜歡的生活百貨逛逛，或者順路去批發市場時，總會買幾個自己喜歡的餐具或器皿。頗具宮廷氣氛的黃銅碗來自母親傳承，準備新嫁娘要送去婆家的料理時，也逐漸愛上漆器。

　　「如果想買樹漆製作的木器，應該要去南大門批發市場。我也曾經前往盛產樹漆的南園，拜訪許多以漆器聞名的專門店，但一模一樣的東西，南大門市場真的很便宜。我常去的那間店，許多婚禮料理達人也常光顧。」

　　女人們收藏碗盤的理由，其實相當類似。無需名牌包般的天價，又不像便宜飲料喝完就沒了。不自覺地尋找漂亮的碗盤，成為女人們對自己好一點的方法。另外也會為了家人們選購安全的餐具、提升料理效率的用品，以及讓料理順利完成的各式鍋具。楊晶恩與一般主婦的差別，只是在於她為了讓來訪好好堂的親友與學員，更加努力尋找各式不同的餐廚用品。

　　最近她正計畫要將好好堂遷回桂洞地區。導師楊晶恩和學員「Okitchen」餐廳代表，即將打造一個彼此互助的共享空間。專為糕點及婚宴料理訂單而製作的包巾、飾品、圍裙、銅器等正式轉為商品

化的作業，也像她平常的模樣，以優雅愜意的步調進行著。將看來精緻卻帶有銳利氣息的銅器，包裝得柔軟又溫暖的鋪棉口袋巾，與極具實用性的提袋型便當包巾等，都是十分引人注目的美麗商品。將重心擺在「包裝」類商品開發的楊晶恩，看起來已經找到愉悅的生活之路。

坐在楊晶恩的廚房裡，享受著午後的日光，分享彼此的故事，讓我想起詩人安道峴（音譯）的「蘿蔔飯」。

微甜清淡的

這頓晚宴

我沒有辦法

不愛上它

——安道峴，《執著地不長大》（Chang Bi 出版社，2008）

樸素淡雅，未經任何修飾的好好堂，希望能有更多人在這之中，以及在這裡的料理之中，學習到更多愉悅的生活之道。

碗櫃中的
母女三代故事

金茵良
電影美術指導
空間建築團隊「In&」負責人

生命中總會有一種人，即使年齡差距不大，卻讓人不自覺叫她「姊姊」。對我來說，金茵良就是這樣的存在。幾年前，我為了準備結婚而快要喘不過氣，她一路給我許多明快且非常合理的建議，從此之後，我就像小妹妹一樣依賴著她。金茵良以長久擔任電影美術指導的經驗，練就一身識別物品該有的合理價格，以及挑選出即使有點貴，也確實擁有相等價值的好功夫。

　　不管問她什麼問題，都會立即獲得解答，就像有求必應的師父一般令人欽佩。如果問她「我想要買膠囊咖啡機，N 牌好嗎？」她就會回答「直接訂購國外的 I 品牌，申請收據後還能便宜買到咖啡」。這令我更好奇她的碗櫃，那裡一定會有值得一探究竟的世界。

碗櫃的三段變身

　　金茵良的個性明朗不拘小節。每次見面，都會再次因為她自然流暢的社交手腕與態度而驚奇。譬如我們一起去弘大商圈某間鞋店，她很快就能和老闆變得親近，對店裡的生意狀況提出建議，或者讓

畫有溫暖童趣圖案的Villeroy & Boch馬克杯,與復古懷舊的家具也相當融洽。

同行的親友們都能以優惠價格買到鞋子。能迅速與人打成一片的個性並不少見，但對認識不久的人，也總是毫不吝嗇分享自己的心，卻不是容易的事。

每到更替寢具的季節，她習慣去東大門一趟，用百貨公司品牌一半不到的價格，買下品質良好的布匹，再製作成自己喜歡的款式。在最近流行的「海外直購」引發風潮前，她早就在國外網站上訂購鮮紅色的咖啡機，以及令人讚嘆不已的漂亮馬克杯。有一陣子我很想買昂貴的手繪彩漆櫥櫃，也是她教我如何在梨泰院的二手商品店挖到便宜的寶藏。以合理的方式找到價格親民的血拚法，實在是太神奇了！這就是十餘年來負責選購並配置電影背景用品，一點一滴累積起來的真實力。

準備新婚用的餐具時，她以「視覺取向」及「大量經濟」為首要原則。喜歡從白、灰、黑等無彩色調中尋得自然舒適感的金茵良，捨棄市售方便又花俏的「新婚用 68 件餐具組合」，選擇大量完全沒有任何裝飾的白色碗盤。但她絕對不是隨便買的，只要看到品質與款式滿意，手拿起來的感覺也對味的商品，她就能瞬間歸納出基本預算與需求數量。

自從和母親住在一起，金茵良黑白色調的碗櫃開始出現不一樣的波濤。為了讓辛苦照顧自己的媽媽，至少在下廚的時候能感受自己的謝意，特地買了 Portmeirion 品牌的全套瓷器。第二次變化

為母親買的Portmeirion全系列，與買給女兒的Villeroy & Boch設計商品，整齊堆疊在碗櫃裡。

在工作中不斷構思空間場景，讓金茵良對畫有桌椅的家具用品產生興趣。

來自於自己的女兒出生，想為孩子嚴選用品的苦惱之下，她選擇了 Villeroy & Boch 的設計餐具系列。每個碗、杯都畫上各式各樣的圖案，讓孩子在遊戲與快樂中愛上吃飯，連她也愛上溫暖人心的繪圖風格，將同品牌的馬克杯視為最愛。

「這個馬克杯剛好可以放進咖啡機裡。放入約 5 匙熱水，萃取 30ml 的 expresso，就是我最喜歡的美式咖啡。」

她的書桌上總能看到畫著可愛圖案的馬克杯，碗櫃裡屬於母女三代的餐具正相親相愛地依偎在一塊。

當然，野餐及戶外用餐具也是碗櫃裡不可忽視的部分。喜歡在週末全體出動露營的這一家，白天盡情享受自然風光，晚上在樹林間欣賞一部輕鬆的電影，相關的用品和餐具也日益增多。無論是美輪美奐的設計款，還是價格親民的大眾款，只要不用心保存整理，很快就會忽略遺忘，甚至老舊破損。而金茵良一家總不會忘記，在陽光和煦的日子，讓專為露營準備的餐具展現它們的本分。

尋找與韓食相襯的碗盤

最近金茵良正準備添購新的餐具。原本非常熱愛工作的她，意識到母親對女兒的必要性，將工作步調放慢的同時，也開始對韓式食器產生興趣。她喜歡在客人來訪時親自下廚招待，平常吃的餐食也以韓式料理為主，她的目光就開始停留在每天使用的器皿上。

西式與韓式的餐具，形體上有相當大的差異。若以朝鮮時代為基準，韓國的食器以尺寸和用途，分為圓盅、倒三角形的寬口碗、口徑上下同寬的深碗、口徑上下同寬的淺碗等。韓國食器中扁形的盤類只有 2 種，而且也是從寬口碗為原型，逐漸放低而變成較扁的型態。因此韓國的傳統碗盤邊緣都有一定的彎曲幅度，而西式餐盤卻是接近「完全平面」的狀態。以湯汁較多的韓式配菜而言，使用接近完全平面的西式餐盤，經常會發生湯汁外溢或食物掉落的情況。

　　「除了外型，色調也相當重要。大部分的韓食都以蒸、燙為主，完成後的料理色彩鮮豔度降低，倘若放在五彩繽紛的西式餐具中，食材們似乎就變得毫無生氣。」

　　金茵良主要使用的餐具品牌，是價格平易近人，鄰近方便的生活品牌「自然主義」，接下來打算進階到韓國知名瓷器「廣州窯」和「吁一窯」。允庚也對相當好奇年輕陶藝家的金茵良，推薦了兼具精緻美和實用性的金善薇，極具摩登品味的陶藝家張津，以及充滿傳統氛圍與實用性的李圖；同時針對現有的白瓷餐具，提出以黑釉瓷器互相搭配，達到提升整體品味與風格的建議。製作白瓷的原土與釉藥，足以讓成品產生天差地遠的效果，每個創作家的手法，也都會造就各種不同的風格。

　　「我們夫妻將電影視為志業（金茵良的丈夫為影像製作公司代表）。總是在看電影的丈夫、不斷在移動家具和畫畫的妻子、尾隨

造訪金茵良家當天，她連熱情的陽光也絲毫不浪費。露營與戶外用的餐具用品，若是疏於保養管理，很快就會失去作用。使用後立即清潔，並盡快使餐具在陽光下曬乾為佳。

媽媽忙進忙出的女兒，以及縫補衣物、料理下廚，無所不能的媽媽，這樣的組合要住在同一個屋子裡，自然就會劃分出大大小小的作業空間。」

　　我相信，金茵良的碗櫃很快又會產生不小的變化。究竟她最終會挑選何種與韓式飲食相襯的碗盤，又在過程中與誰相遇、迸出什麼樣的火花與故事，我已經開始迫不及待想知道了。

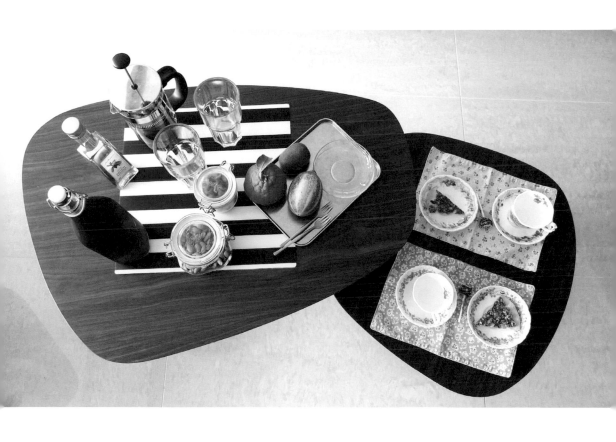

身為電影美術指導的金茵良，為客人準備的餐桌也與眾不同。樣式豐富卻毫不雜亂，主要餐具與配菜盤產生高低落差，營造自然有趣的節奏感。

在大賣場選購碗盤的方法

在大型量販店賣場中，總會看到瀏覽餐具碗盤卻猶豫不決的人。拿起來、又放下、要買、不要買，這時候就需要幾個小訣竅。

◻基本器皿多買備用

需要大量設計簡單的碗盤，或許添購飯碗、菜盤等基本器皿時，大賣場絕對比百貨公司有利。基本器皿盡可能挑選簡易的款式，使用時再搭配其他花紋款式即可。韓國知名大賣場 E-MART 自製品牌「自然主義」，價格親民且通過食用安全檢驗，經濟負擔低且值得信賴。部分網路購物所販賣的餐具，未標明原產地及安全性，選購時必須特別注意。

◻玻璃製品多方參考

若非尋求高價的名牌商品或特殊的設計款式，一般大型量販店的商品，幾乎都具備一定的品質。雖然可能和百貨公司商品有原產地的差別，但也都是經由正常輸入管道進口販售，安全無虞。透明水晶製品與百貨公司的價格差異大，如果只是要買一般生活使用的餐具，還是以大賣場為宜。

☐ 多樣化的兒童餐具

家庭主婦屬於大賣場的主力消費群，因此兒童相關用品也一應俱全。依照各個年齡層與用途分類的各式商品，印上孩子們喜歡的卡通人物的餐具當然也不可少，很快就能找到適合自己的款式。但畢竟是孩子要用的東西，材質、使用的難易度、清潔的便利性等，都是必須仔細考慮的條件。

☐ 善加運用折扣季

即使是同一品牌，百貨公司和大賣場販賣的系列（款式）也不盡相同。但也是有如同 Portmeirion 不分商場類別，商品都完全一致的品牌。若有特別想買的款式或花色，可以先確定住家附近的大賣場是否有該系列商品，再利用大賣場的促銷或折扣期間，買到平時價格較高或特殊的商品。

添購碗盤，該往何處去？

除非是結婚、入厝等特殊儀式，很少會有大量添購碗盤的機會。如果突然要買，一時也想不到適當的地方。出發前，先根據自己的喜好與需求，選出最佳去處。

永登浦時代廣場
■各家品牌應有盡有

購物中心、百貨公司、生活量販店全部齊聚一堂的永登浦時代廣場，就算沒有特別想買的東西，也能以輕鬆的心情逛逛。這裡有Modern House、Franc Franc等多種品牌設櫃，位於地下層樓的 E-MART 也有豐富的進口碗盤商品，以及價格親民的自有品牌系列。進入百貨公司則可遇見Portmeirion、French Bull、ZEN Rachel Barker、Le Creuset 等國際性的生活品牌。最大的優點當然就是無論颱風下雨，都能安心在這裡購物。

黃鶴洞市場
■口袋不深的小資買法

擁有「轉手市場」別稱的黃鶴洞市場，餐具碗盤的比重其實不高，卻有許多製作或轉售餐廳營業設備的地方。二手餐具或碗盤依據尺寸而有不同價格，但一般家庭所需的款式，大部分都可以 100 元台幣左右購得。這裡有許多倒閉的餐廳或工廠拋售的物品，消費者必須具備從大量物品中尋獲所需的「火眼金睛」。另外也有白銅湯鍋、米酒杯、黃銅筷子和歷史悠久的托盤等，復古的風韻令人再三回味。

韓國陶瓷器 Outlet
▣ 物美價廉的暢貨中心

由韓國陶瓷器以自立品牌的形式
而設置的特賣會場，以及 Korea
bone china（骨瓷）的專賣店。可
以買到廉價的過季商品，系列及
款式也相對豐富。位於清潭洞的
Korea bone china 賣場以 Linen
White、Prouna、Cacharel 等
白瓷商品為主，連喜洞的特賣會
場則提供更多系列商品及更低廉
的價格。2 個地方均有附設手繪
工作室，可以體驗在白瓷上作畫。
設於清州市興德區松亭洞的製作
工廠，也有開放消費的暢貨中心。

南大門批發市場
▣ 自用營業一應俱全

以多樣化為最高優勢，陶瓷、玻
璃、木器與各式甕、鍋，無論是
何種用途與需求，都能在這裡找
到適合的商品。南大門市場的規
模龐大，幾乎囊括所有韓國製造
的陶瓷製品。批發市場的性質有
利於大量購買，吸引了許多新婚
及餐廳開業的消費者。部分店家
也提供與工廠直接下訂的客製化
服務。

在 Mix & Match 中，
遇見全新傳統餐桌擺設

持續添購碗盤，就會出現混合使用不同色調、原產地及製作時期的商品。此時最重要的就是找出個中的統一性。就算不是享用傳統料理，也可以展現溫暖樸實的餐桌氣氛。現在就看看自己的碗櫃，Mix & Match！

畫龍點睛
的藍調

製作傳統瓷器的過程中，因為顏料成分中，只有鈷和鐵能夠承受燒窯的極高溫，經過窯烤而能完整呈現的色彩，也只有藍色與紅黑色。尤其青花瓷更是具備迷人的古典韻味。選用與「青花」色調相似的瓷器品，無論是歐洲產或中國製，都能巧妙融合。韓國陶瓷器之中，則以白瓷與散發青藍光澤的日本瓷器最為搭配。

古韻餐具首重統一性

許久前因為結婚而添購的碗盤，隨著時光流逝而開始產生褪色感。
光是把同一系列的餐具堆放排列，不禁令人感到俗氣。若想妥善運
用這份時光的風韻，可以選用相似色調的生活瓷器、餐墊、桌布等
配件，營造宛如某個舊時代電影場景般，懷舊溫暖的餐桌擺設。

仔細分辨
白瓷色澤

即使同樣是白瓷，也會隨著窯燒的方式而產生不同色澤。以還原方式製作的白瓷，散發青藍色光芒；以氧化方式製作的白瓷，則呈現暈黃色澤。以同一色調的白瓷作為基底，搭配其他亮彩瓷器，就能完成溫馨脫俗的氣質。例如藍色調的還原屬性白瓷，適合搭配青瓷或黑釉瓷；黃色調的氧化屬性白瓷則以古典的火紅色朱砂瓷器相襯。

還原屬性：完成一次燒（素燒）的瓷器，塗上釉藥進行二次燒時，限制進入窯內的氧氣的窯燒方式。由於氧氣不足，使得瓷器表面釉藥中的礦物被迫釋放氧氣，造成顏色轉變。常用於製作青瓷及朱砂瓷器，而以還原屬性製作的白瓷，則會散發青藍色調。

氧化屬性：讓氧氣持續進入窯內，使製作陶瓷器的原土或釉藥中的礦物，可以充分氧化的窯燒方式。以氧化屬性製作的白瓷，會產生暈黃色的光澤。

木製托盤最配精緻單品

偶然單獨用餐的時候，總感覺餐桌少了點什麼。如何填補暫時變得空虛的餐桌，似乎也是一門學問。只要運用面積相對窄小的托盤或小木桌，即使餐具數量不多，也不會因為過於空曠而不習慣。機動性較高的木製托盤或小桌子，一般較常使用於下酒菜或茶果點心，其實也非常適用於拌飯、咖哩飯等個人套餐式的料理。

新時代男性的
繽紛碗櫃

全閔哲
服飾店負責人

倘若他出生於法國，會如何呢？與全閔哲聊天的過程中，我不斷想起 18 世紀法國法官兼美食家布里亞・薩瓦蘭的著作《味覺生理學》。曾留下「只要你告訴我，你吃了什麼食物，我就可以告訴你，你是怎樣的人」名言的布里亞・薩瓦蘭，如果遇到全閔哲，會將他歸類於何種人物呢？

全閔哲的主業是經營服飾店，卻相當熱衷於他的興趣，下廚。彷彿是要嘗遍世界所有味道，他到處探訪各式美食，去過的餐廳幾乎沒有重複，大部分的收入都投資在品嘗美食。對他而言，Buffet 就是遊樂園，用新鮮食材製作的創意料理，就是極樂天堂。

「小時候家境非常差，三餐餬口是最大的問題。可能因此讓我產生對於食物，尤其是美味食物的無限執著。」

享受美食與料理下廚，就如同「先有雞還是先有蛋」般，難以明辨是非與因果的一體兩面。腦海中總是想著食物的孩子，成長後四處尋找美食慰藉，對下廚產生極大興趣，似乎是再當然不過的事。料理實力也比一般男性高超許多。三兩下就變出許多特色料理的全

石陶器（stoneware）約在13世紀之際，藉由德國陶藝技術傳播至英國而登場於歷史。沉重又厚實的石陶器，雖然很快就流傳至美國等地，但依然比不上整個歐洲為之瘋狂的陶瓷（Porcelain）製品。輕盈光滑的陶瓷器須以攝氏1200～1500度燒成，石陶器卻僅需攝氏1200度以下。石陶器特有的厚度與耐熱性，使其成為大眾百姓愛用的餐具材質。欣賞西洋電影時，有時也會出現劇中人物手捧石陶製的器皿，裝著美味餐點到鄰居家聚會的場景。

閔哲，卻沒有任何一本市售食譜，也完全不看電視料理節目。

　　「與其看著別人做菜的樣子發呆，不如親自嘗試來得快樂實在。」

　　聽他說這句話，我又再次想起布里亞‧薩瓦蘭的話。

　　「人類因為發現新菜色而投注的幸福感，遠比發現新天體來得多。」

　　雖然現在還沒有任何整理好的「全閔哲食譜」，談不上「人類的幸福」，但至少他與身邊的親友，確實都因為他的料理而感到快樂。

各形各色的碗盤，藏著親自製作的陶瓷作品

　　全閔哲的碗櫃宛如他的料理般繽紛華麗。五顏六色的系列餐具，靜靜躺在白色碗櫃中散發光芒，其中還隱藏著他親自製作的陶瓷作品。以一位獨居年輕男子而言，他的碗櫃收藏數量與構成內容，確實與眾不同。當我發現他擁有足以擺滿整個四人餐桌的碗盤餐具時，稍微嚇了一跳。

　　碗櫃中五彩繽紛的碗盤，大部分都是韓國國內的生活品牌「Casamia」，專為網路及電視購物開發的副品牌「Casaon」的石陶商品。他所選擇的石陶餐具系列，都是在電視購物頻道中，一開賣就達到 2000 套銷售量的冠軍熱銷商品，品質精緻、顏色搶眼、極簡設計與合理的價格，都是吸引他長久支持的原因。

石陶最大的優勢即為耐熱性與耐久性。除了可以使用於烤箱或微波爐，部分製品還能直接使用瓦斯爐加熱。另外也有強大的保溫效能，最長可讓食物保持溫熱直到用餐結束。將冰涼的食物和石陶鍋一起放入冷凍庫，適當時間後取出享用，就能保持食物清涼不退冰。例如在炎熱的夏天，將清爽的冷麵放入石陶鍋中保存，直到最後都能享受冰涼口感，同時附帶提升餐桌氣氛的效果。

石陶製品也相當有利於居家烘焙。均勻受熱且高效保溫的特性，可避免麵包發生表面烤焦而內部未熟的情形。外國部落客們也對石陶器「做出最完美麵包外皮（crust）」的功能讚嘆不已。只要在石陶器的表面刷上少許油，就能避免材料與內壁沾黏，無須另外鋪上烘焙紙。不少像全閔哲如此熱愛料理的人心目中，石陶器皿不僅是大方美觀的碗盤，也是用途眾多的料理工具。

繽紛碗盤活用法

只要看過全閔哲的料理，就不難明白他為何會愛上如此繽紛的石陶餐具。他手中的菜肴具有強烈的配色與香氣，盛盤的選擇也是自然而然的個人取向。即使不論料理風格，讓廚房充滿生氣與動感的多色碗盤系列，也足以讓人感到驚嘆。

選購多色碗盤時，外緣印有花紋或色彩，但中間保持白色的款式，活用度會比內外都是單一色彩的商品更高。邊緣的色調讓餐桌

變得生氣蓬勃，中間的白色就能輕易搭配任何料理。若選用內外都很鮮豔的石陶器，可以搭配全白的碗盤互相協調。兼備各種高彩度與低彩度的器皿，根據情況搭配使用，即可達到各種不同的視覺效果與氣氛營造。

我們也從混合使用石陶器與一般瓷器的全閔哲身上獲得靈感。他喜歡以一般瓷器的色調為主軸，搭配色系相仿的鮮豔石陶器。譬如含有青花顏料的瓷器與藍色調石陶器，或者豌豆色瓷器與各種深淺不一的綠色石陶器。2種不同材質的製品，也能讓餐桌活躍著新鮮感。

在紅、橘、藍色的石陶器碗盤之間，帶來一股清新感的陶瓷器，都由他親自製作。鍾情於料理的人，大部分都同時帶有親自製作餐具的渴望。雖然全閔哲目前以服飾業為生，卻懷抱著在中年開設餐廳的圓夢計畫，持續學習陶藝。

「從親手製作的甕中，舀出親手釀製的醬料做菜，再用親手製作的碗盤盛裝，就是我的終極夢想。」

宛如用途廣泛的石陶器皿，全閔哲不僅忙著學陶藝，還參加微電影演出、推廣皮革飾品品牌等，像個陀螺般四處打轉。或許是因為他一刻不得閒的形象，很難想像他手拿著陶甕，愜意地釀製醬料、慢條斯理製作料理的畫面。但那說不定正是他心目中的烏托邦，一個為了生活拼命衝刺的都市年輕人，內心深處渴望寧靜的夢。畫面

跳回眼前的廚房，看見擺滿的碗櫃與家中各處的陶瓷作品，那個夢似乎也不只是空口說白話。即使不知道是何時，但只要他堅持讓生活與理想並肩而行，夢想應該也就在不遠處。

餐桌 colorful，生活 wonderful！

現代石陶器商品，最大特色就是繽紛的色彩。
讓我們來看看，由五彩碗盤激發出的美麗風景。

利用色彩調配，
讓餐桌氣氛
耳目一新

五彩繽紛的石陶器皿，相當吸引眾人目光。但若無條件只選用搶眼的鮮豔色彩，或者全部採用完全相同的顏色，反而可能會顯得紛亂或俗氣。在色調互相搭配的基礎上，適當選用漸層色系的石陶器皿，或者利用彩度較低的瓷碗相襯，才能營造舒適迷人的視覺效果。

清爽暢快的
藍白色夏天

夏天大部分的精力都耗費在對抗炎熱的天氣，身體、心靈與雙眼都極度渴望清新爽快的感覺。但若全部都使用藍色的碗盤餐具，又顯得單調無趣。適度混搭藍色、青色與白色，更能讓清新暢快的感覺更上一層樓。青花白瓷、天藍色餐具，再放一個代表清淨自然的透明玻璃杯，惱人的暑氣似乎就此一掃而空。

**樸實溫暖的
大地色系**

不習慣明亮色調，又喜歡石陶製品的實用性，就
適合彩度較低、略顯保守的大地色系，也能適時
搭配低彩度的瓷碗、朱砂瓷器、鐵紅釉瓷或青花
瓷等。尺寸與容量充足的石陶製茶具，即使是氣
溫驟降的寒流天，也能為全家人提供體貼暖心的
熱茶。

經典紅色聖誕節

紅色依然是屬於聖誕節的顏色。紅色具有迅速提升彩度與亮度的效果，就好像讓樸素容顏立即顯現朝氣的口紅，使餐桌頓時充滿活力。

徜徉五彩樂園
的快意廚房

廚房是整個家最重要的空間，下廚也不再只是主
婦的勞動，而是全家大小共同歡享的事。將廚房
重新布置成輕鬆活潑、活力四射的場所吧！藉由
各形各色的美麗餐廚用具，讓鬱悶煩躁的心情無
所遁形。

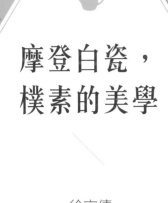

摩登白瓷，
樸素的美學

徐京倩
室內設計師
Golden Manual 負責人

當我們走進被戲稱為「山頂別墅」的徐京倩家，讚嘆驚奇的聲音從未間斷。內心不禁想著「專業室內設計者的家，果然與眾不同」，同時發現這間房子就像山峰上的積雪般高雅端莊。彷彿黃昏日照般溫暖的室內照明，加上還留戀不捨的最後一道自然天光，居然交織出奇妙的青藍色光芒。排列在廚房一角的摩卡壺，宛如整齊劃一的玩具士兵，各式各類的餐廚用具，也隨性地懸掛在牆面上。將每一個區塊與風景巧妙融合的功臣，就是白色的牆面。

「我們的空間頗為單純。保留純白色牆面與地板，再用磁磚或鋪墊等輔助材料，達到適當的視覺變化。」

屬於徐京倩的空間，並非一眼就能盡收眼底，而是要以慢活的眼光欣賞，一點一滴挖掘每個角落的小故事。

寧靜的碗盤之島

　　徐京倩在整個家中最喜歡的地方，就是廚房的中島。將空間劃
分成客廳和廚房，同時也讓料理作業的動線更為流暢。這個中島是
以徐京倩擁有最大的盤子直徑為參考依據，專為自己訂製的產品。
將家具設定為恰好需要的尺寸，不僅能極度發揮空間節省的效果，
也能充分收納生活用品。

1 讓人想起美麗的靜物寫生畫的客廳一景。
2 排列著摩卡壺、裝飾品及花瓶的隔板。如此愜
  意輕鬆的氣氛，讓實際空間偏小的廚房，顯得
  十分寬闊。
3 黑與白相互搭配的時尚馬克杯，正在木製隔板
  上等待被使用。

我們將這座寧靜小島中的碗盤全數取出欣賞。在這個高雅溫馨的空間，其實我們也沒有過度喧嘩，一切的動作卻像跳森巴舞，如此激動熱鬧。即使是從中島中取出的碗盤餐具，尺寸、色調、造型、製造地不盡相同，卻仍然保持樸素淡雅的風格。

　　「只要發現喜歡的餐具，就一定會買一、兩個。以前買過設計獨特的商品，實際盛裝食物之後，卻發現料理和餐具都無法發揮各自的魅力。之後就開始針對盛裝食物後，可能具有相互輝映效果的餐具。」

　　或許因為如此，徐京倩收藏的碗盤中，有許多類似北歐風格的款式，但真正是北歐品牌商品者卻不多。只是從選購一、兩個喜歡的款式開始累積，又懂得營造相似的氣氛。丈夫最拿手義大利麵，徐京倩喜歡傳統韓國料理，找到同時適合這2種料理的餐具並非易事，也令人對徐京倩選購碗盤的標準感到好奇。不過她的答案卻出乎意料地簡單。是否具有凸顯料理的效果，以及是否能與現有餐具相襯搭配，若能同時符合這2項條件，就是她心目中的夢幻逸品。

　　「選購餐具沒有特別固定的地方，逛街時偶然看到喜歡的就會買。有一些是出差或旅行的紀念品，丈夫每次出差也會買特別的馬克杯。」

　　將梵谷作品中狀似杏仁樹的圖案重現於白銅材質上的大盤子，就是在出差途中，參觀 Rossana Orlandi 商店時選購的。若將碗盤從

海外攜帶回國，建議以輕盈且不易破損的材質為佳。

「韓國在地品牌之中，我最喜歡『旴一窯』，尤其是尺寸較大的燉鍋或餐廚用品，在房子不大且口袋不深的情況下，每次嚴選少數幾個真正喜歡又實用的商品，慢慢就能累積許多系列。有時候也會買幾樣與大型鍋具相同款式的縮小版商品。」

曾在充滿時尚與獨創家具的「aA Design Museum」任職，喜歡現代家具品牌 Fritz Hansen 的人，不是喜歡色彩斑斕的 Marimekko、優雅的 Höganäs Keramik（赫格納斯）或者歐陸品牌 Meissen，而是將蒐集旴一窯系列作品視為重要的事，其實有一點意外。

旴一窯為販售陶藝家金益寧作品的品牌名稱，以現代化的手法詮釋傳統白瓷，製作出精緻脫俗的質感而聞名。

「我母親也相當喜歡旴一窯的白瓷餐具。她曾經一口氣買了整個系列的套裝商品，當時我雖然年紀小，卻也有『啊，套裝商品總是會有不適合的部分呀』的心情。所以我即使看到喜歡的系列，也會耐心以單品累積的方式慢慢添購。」

或許是受到母親的影響，徐京倩大學主修陶藝，爾後也逐漸鍾情於白瓷。特有的高雅感，無論在何處都能秉持本分，同時又能與各種色調搭配，輕易地偷走我們的心。剛開始見到徐京倩時，第一印象是宛如水墨畫般淡雅文靜，透過聊天逐漸了解後，發現她就像白瓷般深有內涵。

愛上宛如削皮馬鈴薯般的樸素自然

　　世界上的白瓷品牌多如牛毛，為何獨愛玗一窯呢？我們透過徐京倩認真了解金益寧陶藝家的作品之後，才終於明白。

　　設立於 1975 年的玗一窯，至今仍屹立不搖於陶藝市場中，主要是金益寧大師源源不絕的創作所賜。從花瓶、盒子等生活小物，到足以乘載巨石的大型作品，以及聖堂建築所用的瓷磚，創作的幅度與深度都令人嘆為觀止，質感精緻高雅且形態多變，數目之多也足以自成一個完整的世界。

　　金益寧手中的白瓷系列，品質精美且經典高雅，其中被評論家形容為「削皮馬鈴薯」的特殊切面作品，讓人不自覺產生想要更加親近的感覺。散發暈黃色光澤的「儀盤^{（註）}」系列，包含彷彿一艘白船，又像隨興發揮的雕刻品的容器，以及令人聯想到櫛文土器的作品，還有宛如均勻撒上細緻麵粉的清新風收納盒。金益寧的作品單以肉眼欣賞就能明確感受到品質與價值，無論翻轉到何種角度，或者如何下刀切割，做出來的成品卻依然充滿溫和慢活的親切感。

　　有趣的是，金益寧是在攻讀韓國首爾大學化工系後，轉而踏上

（註）儀盤：1989 年於現代畫廊招待展展出的金益寧個人系列創作，主要是將原本木製或銅製的物品，重新以陶瓷仿製呈現，大幅凸顯金益寧以現代眼光重現古典傳統的卓越才能與特殊風格。

陶藝之路。前往美國阿爾菲德窯業大學留學時，偶然參加著名陶藝家 Bernard Leach 以「現代陶藝家應有的目標──朝鮮時代陶瓷與其美麗世界」為主題的講座，進而著眼於韓國傳統陶藝。燃起熊熊熱情的金益寧，學成歸國後進入國立博物館工作，培養出欣賞朝鮮瓷器的眼光。最神奇的是，無論是他獨立的創作或以旴一窯為名販售的作品，都完美融合古典樸實的氣息與精緻時尚的品味。不僅是因為他總以「工學」而非「工藝」的角度切入陶藝世界，也是他以現代眼光反覆思考，嘗試過無數種方向而換來的甜美果實。保留傳統瓷器的風貌，又融入現代化的質感與造型，或許這就是旴一窯深深吸引徐京倩的關鍵所在。

白中白，白色的變奏

　　既然擁有完美配置白牆面與白磁磚的能力，是屬於徐京倩過人的眼光，她必定也能識別旴一窯商品所散發的各種白色。世界上的白色有千千萬萬種。如同愛斯基摩人可以將雪分為數十種，像徐京倩如此眼光精準的人，也能將白色轉變成百色。某位評論家針對金益寧的作品表示「以光澤面而言，初期的灰白、中期的乳白，以及後期的青藍色調白瓷，善於將其運用在適合的地方，同時印證白色絕不僅是極端的白。雪白、乳白、灰白之間微妙的美麗、單純、理性與高貴，都在他的作品中散發光芒」。

　　觀察至此，我發現她家各處都有這種「白與白的交會點」。掛在白牆上的白瓷十字架、白門上釘著白瓷標誌，各自都在適當的位置盡忠職守。精準捕捉白與白之間的巧妙變奏，衍生出堪稱一絕的完美畫面，我似乎看到了徐京倩與吁一窯白瓷之間的共通點。

　　隨著話題的逐漸深入，我們發現徐京倩對「自然的東西」非常有興趣。她相當喜愛日本知名設計師推出的生活品牌「Arts & Science」（www.arts-science.com），也夢想一間偌大的廚房裡，橫放一座在不鏽鋼支架釘上木頭面板的中島。徐京倩總能在不同事物中，尋找使其自然接近與融合的交集點。倘若她理想中的個人生活品牌店就在眼前，我相信一定能看到許多其他地方難得一見，典雅又美麗的東西。希望到時候，我們也已經具備足以辨別「白中白」的眼光。

宛如海報的日常餐桌一隅。

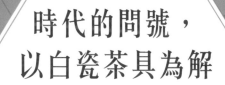

時代的問號，
以白瓷茶具為解

仁賢植
陶藝家
陶農陶藝負責人

若非陶藝家之中專門創作白瓷者，難以領悟個中不為人知的艱辛歷程。白瓷的主原料高嶺土，宛如女人的粉底或孩子的嫩肉般非常精緻細膩，因此拉胚和窯燒的過程，也必須像呵護戀人及孩子一樣小心翼翼。成天面對如此敏感嬌貴的陶土，據說大多數的白瓷陶藝家都非常神經質。仁賢植也是一位專門製作白瓷茶杯與茶壺的藝術家，在前往拜訪他的路上，我不禁有一點擔心。當我越過無數個彎曲的國道，來到仁賢植的陶藝工坊門前，看見蹦蹦跳跳前來迎接的白狗，以及臉上充滿溫暖表情的仁賢植，我才終於放心。

我以劉姥姥進大觀園的心情參觀工坊各處，再喝一杯由他親自製作茶具泡的茶，原本陌生又緊張的心情也隨之煙消雲散，甚至忘了我們最主要的目的「參觀碗櫃」。不過仔細想想，似乎也沒有必要。他將生活瑣事全數交給妻子，理所當然不會有個人收藏的碗櫃，反倒是陳列著白瓷茶具作品，以及等待窯燒的各種初胚的層架，吸引我們全部的目光。就在這些茶具的環繞下，我們認真聽著他的故事。

白瓷茶壺，他的難解世界

即使不常喝茶或沒有學過茶道，大部分的人也都知道白瓷茶具相當難得一見。平常一提到「茶具」，主要都會聯想到暗紅色的紫砂陶器，而仁賢植以珍貴的白瓷系列，為自己創造了一個專屬的新世界。在學校主修窯業設計，畢業後進入製作茶具的陶藝工坊任職，深深陷入陶瓷藝品的世界。

他專攻的領域為普遍被認為困難的茶壺作品。茶壺的組成元素偏多，製作過程也頗為繁複。突出的壺嘴、手把、壺蓋等，本來視為理所當然的部分，如果要我們用純手工的方式塑型、捏製，我的天哪，眼前馬上就一片黑暗。必須將壺嘴和手把維持最佳比例和位置，絲毫不容許任何隙縫或歪曲；不僅如此，要製作一個完美的茶壺，同時顧慮的條件確實不少。

根據仁賢植的解釋，茶壺的手把必須和茶壺保持適當距離，確保雙手在使用時的安全。為了倒出茶湯而傾斜茶壺時，壺蓋不可滑動或掉落，但為了盛裝一定的容量，壺嘴又必須裝設在一定的高度，避免茶湯自行由壺嘴溢出。

「這就是所謂的『三水三平』。三水意指節水、出水、禁水3種機能，而壺嘴尾端、手把支點和壺蓋開口保持水平位置，同時水壺傾斜時不會搖晃鬆脫，就是三平。」

只倒出想要的分量且可以迅速停止，即為「節水」。茶湯倒出

的狀態流暢無礙，以及壺蓋的開口（將水倒入壺中的部位稱為「口緣」）在茶壺傾斜時也不會讓水溢出，就是「出水」和「禁水」。陶瓷茶壺的表面光滑，不具凝結水分的功用，大幅提高這 3 個條件必須同時達成的難度，更何況是以材質本身更是難以對付的白瓷，若非具備高超的技巧與過人的耐力，幾乎是不可能的任務。

「一開始我只製作茶壺，但大多數的顧客都希望能搭配茶杯。持續製作並思考各種茶具系列的結果，也開始製作讓品茗更加方便的茶罐或盤子。」

雖然他的所有作品都以茶具為出發點，但將茶罐視為醬料罐，茶盤當作菜盤，淺型的盒子可以盛裝有湯汁的小菜，依照需求開發新的用途。工具用品的角色，本來就是依照主人的意願和發想而定，有誰規定非得要怎樣呢？仁賢植或許是從我的表情感受到我內心的呢喃，貼心地補充「以後也不排除嘗試餐廚具的創作」。

給忙碌的你，奉一杯茶

其實在「高深的茶道世界」中，白瓷是好不容易得到認可的茶具材質。甚至有人說「茶道與白瓷不可一般見識」。仁賢植在製作白瓷茶具的過程，也經常苦惱「真的會有人喜歡這種顏色的茶具嗎？」，幸好在他的堅持下，支持他的人愈來愈多，也獲頒多次大獎，同時在藝術性與實用性上獲得肯定，逐漸擴張持續發展白瓷的

仁賢植最近在學著讓作品外觀變得更簡約。與其將線條畫滿整個表面,不如
適當停在某個高度或轉折處,利用以退為進的方法,讓作品更添現代感。

條紋造型的簡便泡茶用具組與品茗杯組。乍看充滿現代感與設計性的作品，
實則包含樸實的傳統元素與基本功效。這狀似甜瓜表皮的直條紋路，其實是
歷史悠久的傳統造型，卻在他手上賦予新的生命與活力。

野心。身為茶道門外漢的我們，反而認為可以毫不扭曲茶湯色澤的白瓷茶具，更具引人入勝的魅力。

疲憊忙碌的現代人較難以學習茶道。虔誠恭敬地跪坐著煮水，沸騰後將水倒入茶壺，短暫沖泡茶葉後瀝乾，再次將水倒入等，過程相當冗長的傳統茶道，的確是令人感到負擔。我們需要的只是輕鬆舒適的下午茶時間，茶道卻有著繁複的規矩，需要的工具也不在少數。

「於是我開始製作在忙碌的生活中，可以簡便沖泡一壺茶，同時擁有品茗的閒情趣味的個人用茶具。我不喜歡沖泡茶葉時，看不見茶葉在茶壺裡伸展的模樣，所以我製作的個人用茶具，可以觀賞到茶葉移動與浸泡的過程。」

仁賢植的個人用茶具系列中，當屬彷彿雲端彩虹般玲瓏討喜的茶葉濾器最吸引眾人目光。主要用於過濾浸泡完成的茶葉，材質上必須能夠承受滾燙的熱水。雲朵造型的濾器主要以白瓷製成，手把則為銀製（也有手把同為白瓷的款式）。用如此可愛的濾器沖一壺茶，再搭配手把上有鍍銀裝飾的茶杯，屬於我個人的品茶時間，瞬間變成每天最期待的美事。

宛如雲端彩虹般輕盈可愛的茶葉濾器組，手把有銀製及陶瓷2種款式。

尋找白瓷的新夥伴

除了創新又漂亮的個人用茶具,仁賢植也將持續推出各種精緻茶壺、茶杯、冷卻壺、茶葉罐、茶菓盤、湯罐等各式各樣的相關用具,幾乎囊括件數多達十幾種的整套茶具,無須再另行添購其他配件。最神奇的是,無論是直條紋路、蓮花紋路或梨花紋路等,重新詮釋經典茶具造型的系列作品,都同時具備現代摩登的氣息。

大膽採用各種不同的素材,也是仁賢植的作品引人注目的特性。冶煉方法較為粗糙,與白瓷形成對比的手把,以及靜靜坐在蓋子上方的蓮花,都是金屬材質製成。他運用白瓷、玻璃、木與金屬等各自不同的屬性,補足陶瓷器品在材質上的不足與缺點。剛開始常與其他領域的工藝家合作,但漸漸感到界限與困難,轉而親自學習。製作金屬手把的靈感,也是來自於希望茶壺在保管存放時,可以將手把倒下收起。經歷無數次的失敗後,終於創造出更具備柔軟性的茶壺作品。

添加鍍銀元素,則是因為想提升茶具的實用性而來。以視覺效果來說,銀與白瓷也十分相襯。銀具有殺菌功效,銀離子也能消除綠茶的苦澀味,使口感滑順純粹,衛生與美味一箭雙鵰。仁賢植常在茶杯添加鍍銀技術,與我同行的允庚仔細觀察他的作品,發現只要用心體會,就能感受到仁賢植對白瓷的苦惱、努力與執著。直到離開他的陶藝工坊,他的話依然盤旋腦中。

　　「也有人說我的作品元素太多了。條紋、花朵還有各種不同的素材。我聽了許多帶有嘲諷的建言，也試著朝簡單且純粹的方向努力。」

　　將陶藝創作視為一種農耕作業的「陶農陶藝」工作室，果真宛如農作一般，默默持續耕作、實踐，最後如願得到甜美的收穫，自然就能創造令世人驚豔的陶瓷藝品。祝福他以嘲諷為助力，越過所有逆境後，成為誰都無法睥睨的頂級陶藝家。

白瓷，純白的高科技

韓國對於陶瓷器，素來有「高麗青瓷、朝鮮白瓷」的說法。但若跳脫這個框架，回到陶瓷器超越邊疆，讓全世界為之瘋狂的年代，就會發現其中白瓷的故事，特別令人津津樂道。

在 16 世紀前，可以製造陶瓷器的國家僅有中國。短短的 400 ～ 500 年前，白瓷的製作方式可謂真正的「最高機密」。利用高嶺土保有陶瓷製造技術的中國，在元朝達到發展極致。首創用手輕敲會發出清脆聲響的半透明陶瓷，以及帶有青藍色裝飾花紋的青花瓷。中國在 9 世紀前開始，持續對東南亞及中東輸出陶瓷，並經由絲路傳往歐洲，帶動中國繁榮的陶瓷經濟。不具陶瓷製造技術的歐洲對陶瓷器驚為天人，直接將陶瓷稱為「china」，並以相當昂貴的天價交易。有些人用和陶瓷相同重量的黃金購買，也有人用一整棟房子交換陶瓷器。

東亞三國中唯一到 16 世紀依然未傳入製陶技術的日本，雖然主要輸出銀、銅、硫磺等工藝品，卻透過與葡萄牙或荷蘭之間的通商關係，得知中國的陶瓷器是如何在歐陸市場受寵。日本也想要以附加價值極高的陶瓷獲得收益，卻苦於缺乏技術。爾後日本進入豐臣秀吉的統一時代，在侵略朝鮮的同時，將製陶工人及具有製陶專長的女性強行帶回日本，迅速發展日本的製陶工業。在日本被譽為「陶祖」的李參平，也是在日本攻擊韓國的「丁酉再亂」時被俘虜的陶工，並在佐賀縣有田

町開設陶窯，開啟他對日本陶藝的深遠影響。

17世紀時，中國陷入內外交戰局勢，恰好為日本學習陶藝的絕佳機會。當時荷蘭的東印度公司早已進駐日本，兩國相互合作下，大量搜刮各種陶瓷品，藉此獲得可觀的利益，西方人心目中也產生「日本人是擁有製陶技術的文化民族」的印象，開始對日本商品或文化投以好奇的眼光。

而歐洲的製陶技術，則在17世紀才傳入。當時身兼波蘭王與薩克森選侯的奧古斯特，與科學家們致力研究鍊金術，並首度在德國麥森鎮地區成功燒製陶瓷器。奧古斯都對陶瓷器的野心眾所皆知，甚至甘願以自己的士兵600名，從腓特烈威廉一世手中交換151個陶瓷器。除了本身對陶瓷器的熱愛，奧古斯都如此執著於製陶技術，軍事資金也是極為重要的原因。很可惜，他最終無法利用陶瓷賺大錢。短短十多年後，他在麥森鎮陶窯中的員工，帶著珍貴的技術往來，並且轉賣給威尼斯、翡冷翠、哥本哈根及聖彼得等地。

製陶技術在歐洲逐漸傳開，但陶瓷品依然是高附加價值的產業。皇宮貴族們將陶瓷藝品視為君主榮耀與權位的必須象徵品，冠上「皇家」並由官方認可或由貴族直接成立的陶窯日益增多。陶瓷藝品持續被視為上流社會專屬的賞玩與代表，直到19世紀的產業革命才讓製陶技術流傳至民間。當時的陶瓷品以「價值」方面來看，就如同現今的高級名牌。而以無法隨意接近的尖端科技角度切入，則具有高不可攀的獨創地位。中國的陶瓷品傳入後500年間，陶瓷品不僅是身分地位的象徵，更是令人不惜以戰爭為代價，勢必要搶奪到手的技術。

身為可以隨時使用各種陶瓷製品的現代人，或許我們也應該用接受古皇帝貴族招待的心情，珍視這些美麗的物品。

黑與白，
無法超越的極致之美

在時尚、繪畫、藝術等各個領域，同時成為摩登代名詞的黑與白，
也能在餐桌上散發無限光芒。但若配置不當，反而會流於單調或陳
腐。黑與白之間，該如何創造精緻又乾淨的風格？

不設限的
線條遊戲

近來許多生活瓷器捨棄了傳統的規矩線條，改用
荷葉邊的不規則開口或者各種不對稱造型。善加
利用這種現代化元素，再搭配適當的照明光線，
就能激發出令人驚豔的變化。

緩和銳利氣氛
的輕質素材

試著在質感冷靜的白瓷、存在感厚重的黑釉瓷或黑色陶瓷品之間，混合搭配金屬、玻璃或木製器皿，嚴肅的氣氛立即變得精緻輕盈。但必須注意除了黑白以外的素材，只能以亮點的方式少數使用。

強調表面質感

若使用表面完全平滑的白瓷，搭配全一色的餐桌，就如同身處枯燥無味的冰宮。以白瓷為主要配置元素時，建議選用表面具有直線條紋或花朵紋路的款式，在照明光線的輔佐下，釉藥的濃淡及表面的紋路即會產生微妙的變化，減少相同色系帶來的單調感。

以各式配件
創造連貫性

即使以相同的原土捏製，根據窯燒的方式也可能會產生散發暈黃或青藍2種色澤的成品。若同時使用各自不同色調的白瓷，就必須賦予連貫性。藉由墊布織品、杯墊及餐巾紙等，營造明確的主題或風格，不僅能牽引、融合白瓷的色調，即使大量使用同一款式的陶瓷品也無妨。

濃與淡之間的
層次感

黑色雖然象徵著極簡洗鍊，卻容易過重沉悶。使
用黑色瓷器時，如同以遠近表達意象的東洋墨
畫，透過黑色的濃淡，也能呈現豐富的層次感。
巧妙選用濃度不同的漆黑色黑釉瓷、半透明的黑
色玻璃碗或者沒有光澤的黑陶器等，互相補足、
輝映、襯托，完成一幅氣韻深遠的黑色餐桌畫。

與紅茶共享
的時光

崔藝璇
作家，出版企劃

我的第一杯紅茶，是大學時在某間茶坊偶然喝到的。畢業後出社會，手邊只有裝滿咖啡的馬克杯，不斷往自己嘴裡灌，一面敲打著電腦鍵盤，就是我每天的生活寫照。總是被截稿日追著跑的那段日子，紅茶對我而言是一種象徵著優雅和餘裕的奢侈品。腦中的畫面停留在古色古香的壁紙背景、暗紅色的木製方桌，擺著古典精緻的茶壺，茶杯不斷冒出蒸氣，專屬於紅茶的香氛韻味不斷撲鼻而來。

總而言之，我總認為紅茶的形象，和每天被文稿緊追在後，永遠懷著焦躁的心情打字的生活，完全格格不入。當我從好朋友口中聽到崔藝璇作家的故事，我簡直是不敢相信。從事編輯與寫作的文字工作者，不僅懂得享受紅茶，還出了有關紅茶的書？「出書」真的是可以邊喝紅茶邊完成的事嗎？我內心的震驚，很快就轉變成對她的好奇心，最後變成想要找機會認識她的心願。終於在一個好日子，我們如願前往崔藝璇「甜蜜的工作室」品嘗紅茶，參觀屬於她的碗櫃，盡情分享彼此的心得。

與紅茶相見歡之日

我們前去拜訪當天，崔藝璇非常貼心將無數個茶杯與相關用品，事先拿出來等我們。Wedgwood（瑋緻活）及 Royal Copenhagen（皇家哥本哈根）的茶杯和咖啡杯，Fire-King 的復古杯組、刻畫著北歐風圖紋的杯子以及足以盛裝大份啤酒的透明玻璃杯，無法在短時間內欣賞完畢的多樣化杯子款式，反映出崔藝璇勇於嘗試、不單獨偏愛的奔放眼光。

首先畫有野草莓與花卉等漂亮圖案的 Wild Strawberry 系列，是 Wedgwood 品牌的古典主題款式之一。呈現「Peony」形狀的寬大杯口，充滿優雅高貴的女性氣質，也與芬芳的紅茶十分相襯。而風格完全不同的 Barbara Barry Musical Chairs 系列，則是利用盤緣、杯緣及杯耳上的黑色線條，以及以剪影方式呈現的椅子圖案，加上底部較高、杯口較窄的「Leigh」形態，呈現簡約時尚的洗鍊感。與知名設計師 Barbara Barry 跨界合作的餐茶具系列，還有 Radiance、Curtain Call、Boxwood、Embrace 及 Pearl Strand 等各具魅力的系列設計款，當中則以印有椅子圖樣的 Musical Chairs 系列最受歡迎。崔藝璇收藏的 Musical Chairs 系列商品為其中的第 18 號，寬厚威嚴的單人沙發椅令人印象深刻。目前 Musical Chairs 系列已經不再生產，不知何時才能遇到的其他椅子圖案，也已成為所有收藏家心中最美好的遺憾。

　　崔藝璇丈夫送的 Royal Copenhagen 咖啡杯最令我們羨慕。能夠迎合太太的品味，贈送讓太太滿意的禮物，這種男人不多見。她擁有的 Royal Copenhagen 商品，屬於充滿西洋風情的 Signature 以及古典優雅的 Princess 系列。法國留學期間，在跳蚤市場挖到的不透明玉色茶杯和 Fire-King 古董茶杯，愈看愈有趣，令人發出會心一笑。Fire-King 古董茶杯外表刻有花紋浮雕，杯緣則有宛如水彩暈染般自然漸層的藍色線條，放在眾多茶杯中依然散發搶眼光芒。從手指尖傳來的凹凸觸感，也讓人不自覺不斷撫摸把玩。

聊天過程中，崔藝璇突然指著某個華麗的花紋茶杯，表示以前因為工作而持續添購類似商品，卻無暇認真研究、比價，懷疑自己是否買貴了。同行的允庚立即為崔藝璇鑑定，並提出個人的看法：雖然品質不錯，但稍嫌昂貴。經歷高溫窯燒而成的高級輕質瓷器，平放桌面或地面並用手指輕敲，會發出清脆動人的聲響，燈光直射下必須具有高透明度，且整體厚度應對稱均勻，這些都是挑選優質瓷器的基本訣竅。若出現完成度較低的瑕疵品，許多知名品牌都有在底部品牌商標上做記號的慣例；萬一遇到品牌正品卻異常便宜的狀況，務必要確認底部的商標是否完整。茶杯或茶壺的杯耳、手把，都是在製作過程中另外銜接於主體上，因此杯耳和杯體之間是否有裂縫，也是選購與否的必要條件之一，使用上也應多加小心。

不完美中的美學

「講到蒐集的東西，我的書絕對比茶杯和碗盤多。但開始對紅茶感興趣並開始進行相關寫作後，身邊的茶具也愈來愈多，最近打算蒐集茶壺。」

聽完她最近的計畫，我們的視線不自覺轉向桌上的 Wedgwood 茶壺。這個生產於 1997 年的「Samurai」系列商品，以直線型的壺嘴與特殊的圖樣印刷方式受到矚目。分明是機器印刷的圖案，卻像手繪塗鴉般自然親切，十分具有吸引力。手把與邊緣的金色滾邊，

1 充滿俐落美學，卻在基本功能上產生缺失的Wedgwood Samurai系列茶壺。
2 購買時並非二手商品，但因已經停產而自然折舊的Barbara Barry Musical Chairs系列第
  18號。
3 Fire-King經典茶杯組，浮雕造型的表面及暈染效果的上色令人著迷。
4 各自在不同跳蚤市場購得，外表卻非常相似的玉色茶杯。
5 稜線與寬度相當具有男性氣息的寬口茶杯。邊緣的褐色線條成功增添溫暖柔和感。

與可愛的手繪風格圖案形成對比，增添精緻高貴氣息，使整體造型與完成度提升至最高。

　　Wedgwood 的 Samurai 系列商品非常多樣化。各式尺寸的餐用圓盤、方盤，可互相疊放的 3 入大碗組、杯墊、餐墊、玻璃盤以及瓷器禮盒組等應有盡有。欣賞著 Samurai 系列的茶壺，允庚表示一般茶壺的壺嘴通常都像船體般呈現圓弧狀，但 Samurai 系列的茶壺卻設計成直線壺嘴，使壺身與壺嘴之間少了茶湯可以稍微緩和的空間，流出來的角度也呈現直線。這或許是想要象徵 Samurai（武士）的銳利刀法，卻使得茶湯無法俐落停止，「節水」的功效不佳。

　　「沒錯，實際使用時我也發現這一點。說不定這就是它迎向停產的原因吧？但這種設計上的失誤，卻也是一大魅力，反而在使用上更需要謹慎與耐心。」

　　以要求完美的機能主義者而言，一個未能盡到基礎本分的物件，實在難以產生任何感情或吸引力。崔藝璇竟然能將物品的不便與缺失轉化成不可多得的特色，我想這就是屬於文人的浪漫之處。如同某些偶然瑕疵品，卻是收藏家眼中的「唯一限量」，她也必定能真心看待老舊茶具與眾不同的各種痕跡。

烙印在物品中的故事

　　對於懷舊復古的喜好，究竟是天生？培養？還是活在世上的人們自然產生的眼光？主修美術，遠赴法國古都里昂留學的經歷，對崔藝璇的興趣而言，究竟是因或是果？滿腔的疑惑與好奇，在紅茶的陪伴下慢慢解開。我發現她珍藏的不單純是「老舊」的東西，而是「有故事」的東西。

　　「我喜歡邊喝茶，邊分享關於茶具的故事。」

　　崔藝璇的每個茶壺都有各自的故事。從熱愛 Fire-King 的日本人們之間好不容易買到的復古杯組，在法國凡登跳蚤市場一見鍾情的玉色茶杯等，都蘊含著當天的心情與回憶，反覆在喝茶時重新回味。她的茶杯就像馬塞爾‧普魯斯特筆下《追憶似水年華》中的瑪德蓮，美國童話《綠野仙蹤》桃樂絲腳上，只要互碰腳跟就能前往任何地方的銀鞋。滿懷著好奇心，想像著前任主人是什麼樣的人？為何將茶杯賣到二手市場？在她眼中，乾淨無瑕的新商品，不如這些在時光中流轉已久的老東西有趣。在百貨公司買下精緻又方便的全套餐具或茶具，反而一點也不刺激浪漫。

　　無論是知名或無名品牌，就算是大特價的時候掃購，只要我們像她一樣，在喝茶或用餐時大方分享當時的心情與歷程，以及為何要在此刻選用這些器皿，就能讓氣氛更加歡樂豐饒。

超越潮流的
手作達人

李蒼燕
Café Goghi 負責人
The Huffington Post Korea 編輯

雖然是一窩蜂的熱潮，但「開咖啡廳」依然是許多人心中的夢想。每天只要和老主顧閒聊幾句，揮舞著白鳥般的咖啡杯，煮出香味撲鼻的咖啡，不用在競爭激烈的公司裡看人臉色或者加班爆肝，簡直是天堂般幸福的生活。

　　但這樣的咖啡廳其實只開在想像裡。現實中擁有「永續經營」條件的咖啡廳，實在不容易。除非像 2008 年開幕至今的 Café Goghi，依然以絕不好高騖遠的心態、極具差別化的主題與過人的熱情，慢慢築起一片牢固的天地。

Welcome to hand made life ！

　　坐落在首爾景福宮附近巷弄中的在地咖啡廳，不僅是鄰近社區交際往來的熱門據點，也是各種文化活動與跳蚤市場的常用空間，以多樣化的面貌吸引各種族群。我們則是愛上由 Café Goghi 負責人李蒼燕親自手作、絕無任何雷同，僅提供店內餐點使用的食具器皿。

　　「當初設立的主題就是手作。除了手作麵包、料理，連桌椅也

李蒼燕和在Café Goghi擔任主
廚的妹妹商討新菜單後,就會
專為新菜單製作專用器皿。襯
托橘紅色濃湯的厚實大碗、搭
配抹茶冰淇淋與紅豆的綠褐色
冰碗等,讓顧客達到視覺、觸
覺與味覺三重享受。

是裝置藝術家為我們手工打造。陶瓷餐具在初創期以直接添購藝術
家的作品為主,但因數量需求龐大且菜單持續替換,最後乾脆下定
決心自己手作。」

　　投入陶藝世界約 5 年,剛開始製作一個糖碟子都要耗費整天,
最近則進步到一次可以製作數個食用碗。既然是專為店內使用而製
作的陶瓷品,其實也不需要大量複製,針對每種菜單設計適合的尺

定期在Café Goghi前廣場舉辦的跳蚤市場,將店內多餘的餐具和碗盤廉價出清,長久以來都是跳蚤市場的熱銷冠軍。最近許多鄰人也加入二手轉賣的行列,使Café Goghi的跳蚤市場日益豐富。

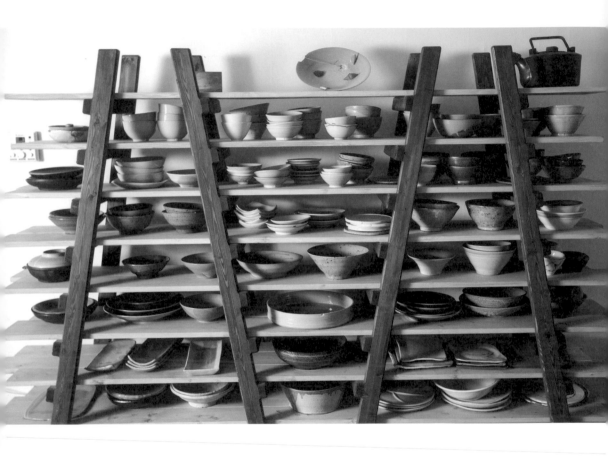

木工創作家邊碩浩的碗櫃作品，默默容納著李蒼燕每個週末在工坊埋首製作的各式器皿，大幅提升空間利用度，也相當具有創意設計感。一座擺滿手作陶瓷餐具的木製碗櫃，羨慕指數100％。

寸與造型即可。雖然這段期間她經歷過多所陶藝工坊，每一所的原土、釉藥以及做出來的成品都不盡相同，但該如何迎合並襯托料理，自始至終都是最大的宗旨。

　　為了因應客人來訪、公司聚餐兼會議等多人用餐的情況，李蒼燕的家中也具備了各種寬度與尺寸的碗、盤、碟、杯，後來也請裝潢咖啡廳的木工師傅，打造專用的碗櫃，消化隨著日子持續累積的器皿數量，甚至連書桌和書櫃也不是機器製造的系統商品，而是瀰漫人文手感的溫暖家具。加上露臺上的陶藝轉盤、房間內的布匹織造機，我們彷彿來到專屬於「手工」的天地。將這些布滿自家與咖啡廳的餐具作品拿在手中，那正是她內心真誠，以及滿腔熱忱的重量。令人雀躍的是，這些值得被珍惜的獨特作品，有可能在 Café Goghi 門前定期舉辦的跳蚤市場中購得。

　　「我們會藉由定期舉辦的跳蚤市場或店內販售，整理用不著的餐具。例如一次製作數十個的濃湯碗，在菜單替換後，大部分都會以 50 ～ 100 元賣掉。」

　　這樣的價格著實令我們驚訝。器材、原料、親手製作的時間與精神，耗費的成本不在少數，即使是 500 元也太便宜！看著李蒼燕，我隱約看見發生於 19 世紀的美術工藝運動。1861 年起，由威廉莫里斯發起的美術工藝運動，以反對機械生產為主要訴求，主張「恢復手工藝術之美」。雖然其中共襄盛舉的工藝家們的手製品，因為價

以「hand made」為主題的Café Goghi，從料理到餐具全數堅持手作。

格過高而無法普及，卻也因此催生新藝術派（Art Nouveau）風格的壁紙與印刷物。我相信倘若威廉莫里斯光臨 Café Goghi 的跳蚤市場，一定也會讚嘆這些富有情感的手作品，同時對至今仍有如此懷抱著熱情的手作藝術家，愈來愈多人看到手作之美，而感到無比欣慰。

手作之美

　　開設 Café Goghi 之前，李蒼燕累積長達 17 年的飯店工作經驗，先後擔任首爾朝鮮飯店、希爾頓飯店及 W 飯店的首爾地區代表，持續拓展品牌行銷與市場開發。爾後也環遊日本、聖地牙哥等世界各地，創立市場行銷公司。對於如此極具世界觀的咖啡廳老闆，我很好奇她最愛的陶瓷器品牌。

　　「我沒有特別喜歡的品牌，硬要選的話，應該是芬蘭赫爾辛基阿拉比亞博物館中的古典瓷器？以青花綴飾的芬蘭 Arabia 品牌商品，非常具有手工製造的氣息。有時候在常逛的北歐二手居家用品店，也會看見喜歡的碗盤，卻不會花錢購買。」

　　喜歡卻沒有占有欲，或許是因為她本身就是碗盤的製造者。至於這項喜好的起源，她是這樣回答的。

　　「所有手作的東西都有獨特的美。而手作陶瓷品的美，就在於它絕對無法完全雷同，誠實且直接地呈現製造者的手法。工藝作品並不是時尚主流，卻也因此不會隨著時光更迭而顯得過時俗氣。經

典的百年飯店也需要時常翻修。籌備 Café Goghi 的時候，我刻意不參考人氣旺盛的知名咖啡廳，只專注在自己想做的走向。」

　　在李蒼燕獨樹一幟的模式下，Café Goghi 確實不盲從潮流，擁有獨特的風氣。近來她新接下一項網路媒體「The Huffington Post Korea」的室內設計與生活風格編輯一職，表示跟以前的工作沒有太大區別，並不會感到特別麻煩或困難。以她獨有的統籌力與創造力，期待早日能欣賞到李蒼燕風格的設計作品。

I love coffee,
I love tea

我自己的
品茶時光

偶爾為自己舉辦一場個人品茶大會，再拿這個當藉口買一束花，找出被鍋碗瓢盆擋在最後面的茶壺，享受一杯香氣四溢的茶。最重要的是，感受這份宛如時間靜止般的愜意。休息，是為了有力氣承受每天的疲憊與忙碌。

茶比花嬌

許多茶壺刻畫著美麗的花朵圖案，說不定是讓喝茶的人，暫時遠離真正的花，免得花的香氣影響了茶的芬芳，卻又不想放棄邊喝茶邊賞花的逸致。將香味濃郁的花朵放在附有透明蓋子的點心盤上，阻斷影響嗅覺的花香，又擁有視覺的樂趣，品茶與賞花兩者兼得。．

茶杯的玻璃屋

附帶碟子的茶杯組開始累積之後，保管收納也會開始不方便。通常的作法是將碟子和茶杯一起放入整理箱，但既然如此，何不考慮可以看見內容物的透明壓克力箱？不僅賞心悅目，也能迅速找到想用的茶杯組。

黑色咖啡、
橘色機器、
青藍色馬克杯

有一句話說「咖啡就該像地獄一般黑、如死亡一般濃」。既然無法改變又黑又濃的咖啡，就可以搭配搶眼亮色的咖啡機、咖啡杯或點心盤等。鮮豔明亮的色彩搭配，似乎讓咖啡因的提神效果增加好幾倍。

手沖咖啡

某位哲學家曾說咖啡是「孤獨者的飲品」。並不是因為懂得欣賞咖啡的苦澀，而是可以忍受一個人的時光。偶爾放下方便迅速的即溶包，把原豆丟進手動磨豆機，再配上摩卡壺發出的蒸氣聲，獻給自己一杯香醇的手沖咖啡。當我意識到獨享的美好，咖啡也似乎沒有那麼苦了。

1 茶壺 | 芬蘭餐具代理商Ewa
2 Pop茶壺 | Sagaform（瑞典品味生活）
3 Daisy茶壺 | Decole

4　茶壺 | g:ru Fair Trade Korea
5　上把式條紋茶壺 | 陶農陶藝
6　茶壺 | Höganäs Keramik
7　藍白琺瑯茶壺 | Ma Maison
8　Cuckoo tea story茶壺 | Wedgwood
9　琺瑯茶壺 | Fujihoro（富士琺瑯）

Ms.
tea cup

1   Taika 附碟茶杯組 | iittala
2   Blue fluted full lace附碟茶杯組 | Royal Copenhagen
3   Cappuccino Cup Egg Baby Blue附碟茶杯組 | LOVERAMICS（愛陶樂）
4   Florentine Turquoise附碟茶杯組 | Wedgwood
5   Pink & blue floral附碟雙耳茶杯組 | Haviland
6   Regency Green附碟茶杯組 | Denby
7   Fluted Signature附碟高耳茶杯組 | Royal Copenhagen
8   Pop附碟茶杯組 | Sagaform
9   Saint-Tropez附碟茶杯組 | L.PESARO

Mr. mug

1

2

3

4

5

6

7

8

9

1 Linen Craftsman 馬克杯 | Denby
2 Rachel Barker馬克杯 | Zen
3 Saint-Tropez馬克杯 | L.PESARO
4 Gentle size缸型馬克杯 | 芬蘭餐具代理商Ewa
5 Saint馬克杯 | Casamia
6 Carat Orange馬克杯 | Le Creuset
7 Reigo馬克杯 | Ma Maison
8 Himmeli馬克杯 | iittala
9 Contrast馬克杯 | Royal Copenhagen

媽媽的手藝
與餐桌教育

吳閔婷
幼稚園教師

吳閱婷利用廢棄書櫃改造的扮家家酒廚房,與各種相關道具。

孩子是散發著光芒的恩賜。但隨著孩子的降臨，女人的優雅日常生活，也瞬間被拋到宇宙另一邊，更別說是餐具碗櫃。印上各種卡通人物的餐具，占據碗櫃的最前端。為了不管什麼東西都想要拿在手上，不顧一切測試地心引力的小寶貝，塑膠材質的碗盤器皿，是所有媽媽心中最合理、實用，卻也是充滿遺憾的選擇。

當我瀏覽完吳閔婷的部落格，發現她利用廢棄的書櫥和瓦斯爐，製造非常完美的扮家家酒廚房空間，我相信只要我可以拜訪她，一定能對世界上所有被卡通餐具占領的碗櫃，提出一點改良的主意，改變我們看待兒童餐具的既定印象。抱持著期待的心，我們驅車前往吳閔婷的家。

由陶瓷餐具開始的餐桌教育

當吳閔婷的第一個女兒進入離乳時期，她就準備了餵食瓶、陶瓷材質的專用製作器皿、輕盈的雙耳杯，以及 Le Creuset 的小烤盅（ramekin）系列作為兒童餐具。從離乳期就開始訓練的結果，逐日成長茁壯的孩子已經漸漸對餐具的使用產生概念。

「現在過了週歲，正在練習一個人吃飯。塑膠碗盤相當輕盈，孩子使用湯匙時，總是會被推著移動。我利用烤盅的重量，讓孩子專注在學習使用湯匙，也比較容易認真吃飯。」

每個孩子的個性不同，但在週歲前喜歡用兩隻手拿碗，接著再摔在地上的行為相當常見。這時候，最好以孩子在進行重力實驗的眼光看待，無須嚴厲責罵。

去年冬天，她將幾張免費的咖啡券，換成夫妻倆使用的馬克杯，以及女兒專用的濃縮咖啡杯（demitasse）。濃縮咖啡杯原本是為 expresso 設計的小型咖啡杯，但在吳閔婷夫婦眼中，卻成為女兒「不管喝什麼都可愛」的專用飲料杯。訪問當天，她也提供了雙手握杯喝麥茶的表演項目。

當她看見孩子拿著陶瓷碗盤的模樣，突然想起某品牌設計師的話：務必要讓孩子用會破掉的碗盤，灌輸正確的餐桌禮儀。如果總是用掉落地面也不會損壞的餐具，孩子在餐桌上的行動就會愈來愈不謹慎。隨著全世界的家庭分化現象，整個家族聚在一起吃飯的景

吳閱婷為女兒準備的餐點。

吳閔婷手作的週歲紀念台。

象愈來愈陌生，孩子的餐桌教育也益發困難。將餵孩子視為最高使命，拿著塑膠餐具追著孩子到處跑的媽媽也不少。希望這些母親可以看著這對使用陶瓷餐具的母女，考慮自己是否也應該藉由必須小心呵護的易破碗盤，教導孩子餐桌禮儀與規則。

給孩子一套完整且正式的碗盤餐具，也具有相當大的「完人」意義。以自己想得到的方式款待孩子，給予誠心與重視。孩子在成長環境中得到榜樣與尊重，必然也會懂得如何尊重自己與他人。

曲折的碗盤故事

吳閔婷的碗盤添購過程，並非想像中有縝密的計畫或審慎的思考。擔任幼稚園教師並順利步入家庭的她，在尚未多做考慮的情況下，買了許多大圓盤。但隨著每天準備三餐，她終於明白這些並不符合自己的料理。

「白飯、湯、菜、醃漬類的小菜，或者像泡菜一樣有湯汁的配菜，才是每天習慣吃的餐點。但我卻沒有考慮這些，買了很多扁平的圓盤，幾乎沒有用處。」

雖然是標準的錯誤示範，但也因此收藏了 Villeroy & Boch 的 Audun 系列，以及 Le Creuset 大尺寸晚宴盤，而且也不是每天都是傳統飯菜，這些漂亮的西式餐盤，還是有很大的優勢。譬如她為丈夫親手製作的生日蛋糕，就沒有比 Audun Promenade 系列的晚宴盤

更適合的容器。聖誕節為丈夫和同事們製作的 150 個司康，也以色彩繽紛的 Le Creuset 盤，襯托得更為精緻美麗。

經過頗為曲折的碗盤故事，現在吳閔婷完全愛上了韓國當地知名的「廣州窯」與經濟實惠的「自然主義」系列餐具。

「還是國內製作的餐具，最適合國人的飲食習慣。外型、尺寸、機能都與料理相互輝映。」

陶瓷用品的破損率確實較高。吳閔婷當初購買的 10 人用餐具套組，如今也只剩下約 7 人份的數量。由韓國當地大賣場 E-Mart 集團自創的「自然主義」品牌，價格平實、外型單純且用途廣泛，無論是破損或老舊，都可以輕鬆添購新品，不會造成經濟或心理上的負擔。樸素且基本的色調與款式，連女兒的週歲宴，家中長輩齊聚一堂的場合，都使用自然主義的產品盛裝招待客人的糕餅與水果，展現自然樸實又充滿質感的效果。

大女兒出生滿300日的郊遊紀念餐。

母女倆的獨處時光

　　吳閔婷的個性十分活潑爽朗，芝麻小事都能讓她開懷大笑，一點也感受不到育兒持家的疲勞。養兒育女固然意義重大，但孩子處於一歲前後的媽媽，總是非常疲憊勞累，被綁在家裡的時間冗長，還要承受不小壓力。尤其是在生產前，喜歡在漂亮咖啡廳和朋友聊天、喝茶的年輕媽媽，更是難以消化這樣的轉變。在陪伴女兒的空檔，吳閔婷選擇欣賞世界各處的美好事物。她會利用網路瀏覽 H&M 的網站，也會參考 Martha Stewart 的相關網頁，在家試著自製喜歡的風格，日本無印良品和亞馬遜購物網站也是她的基本資料庫，翻譯機更是隨時必備的好朋友。

　　吳閔婷最令人佩服之處，就是在網路上參觀完全世界漂亮的居家空間後，立刻試著在自家重現的行動力。身為幼稚園教師，親手製作各種物品似乎不足為奇，但一般人連想都不敢想的物品，她居然也可以手作完成。以廢棄書櫃製成的扮家家酒廚房，就是她的代

表作。第一次為女兒做的廚房道具被玩壞之後，馬上又改裝成娃娃的家。利用木板和 IKEA（宜家家居）的毛巾掛勾組合成兒童衣櫥，每當看到康寧 (Corning) 的 Spring Pink 系列碗盤，就夢想著與女兒共享早午餐的那一天。

　　擁有充足時間夢想未來，這樣的媽媽實在令人驚嘆！回想我自己帶孩子的時候，只能無限反覆於餵飯、穿衣、清洗等步驟，每天只感到辛苦疲憊。雖然也有許多值得紀念與歡樂的回憶，但開心只是一瞬間，栽培孩子的路途依然漫長。我自己也是「只求時間走快一點」的普通母親，在吳閔婷身上得到許多領悟。每個人都說是惡夢的這段日子，也可以過得輕鬆自在，與孩子獨處的時間是多麼珍貴又美麗。當然她也不可能完全只有幸福，只是她懂得用智慧找出親子雙方都能進步的方法。如果我遇到正要開始負起母親責任，進入養兒模式的新手媽媽，我會拍拍她的肩，告訴她：

　　「加油！這有可能是你人生最有意義、最充滿光輝的時刻。為了將來與孩子獨處的時光，一定要徹底執行餐桌教育。」

愉悅的每日餐桌遊戲

「和孩子玩遊戲真的很累。」這是許多母親內心深處的苦惱。尤其必須在遊戲中顧慮到良好示範及教育效果，心中的壓迫感與沉重更是不為人知。可以試著利用餐桌上的碗盤、餐具與配件，和孩子進行一場有趣精彩的童話之旅。

餐桌上的
說故事高手

孩子進入離乳食階段後，可利用各式各樣的碗盤，編造有趣的小故事，也可依照主題將碗盤分門別類。譬如將印有動物圖案的碗盤列出，提出「獅子在哪裡？」、「誰在晚上不睡覺？」、「誰的脖子最長？」等問題，讓孩子自行尋找答案。餐桌上形形色色的碗盤，也能變身成各種尺寸、形狀與類別的「立體書」。

完備的兒童食具與餐點

有次去拜訪朋友，對方的孩子與我的
孩子同齡，很特別地擁有自己的完備
餐具。朋友就像招待客人般，為孩子
準備專用的飯、湯、幾道小菜，分別
裝在不同的器皿中，除了視覺漂亮以
外，最重要的是背景意義。只要孩子
夠大，就能以數個中小型的盤子替代
兒童餐盤，藉以進行餐桌禮儀教育，
傳遞相互尊重的態度。可利用陶瓷計
量碗確認離乳食的分量，簡約精美的
茶杯也能讓孩子跳脫卡通人物餐具，
提供拓展新視野的機會。

在家也有快樂野餐趣

因為下雨或沙塵暴而不便出門的日子，和孩子被關在家裡一整天，實在太悶了。這時候就辦一場「野餐遊戲」吧！趕快拿出野餐用的各種花紋紙杯、紙盤與輕質餐具，在地上鋪一張毯子，用敞開的雨傘替代遮陽棚，用可愛的方型便當盒或多層便當盒盛裝餐點，讓孩子真實感受野餐的樂趣。

與碗盤共度
美術課

替孩子添購碗盤時，不如順便挑選幾件圖樣特別的
款式，甚至可以買下系列商品，當作孩子上托兒所
的自備餐具，或者在孩子的朋友們來訪時備用，每
個孩子使用不同的圖案款式，讓孩子感到新奇也容
易區分。碗盤上的圖樣也能作為想像故事的開端，
或是依樣繪畫的對象，提升孩子們的美術領域。

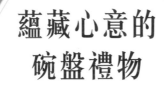

蘊藏心意的
碗盤禮物

朴蕙燦
攝影師
Studio Adel 共同負責人

結婚超過 10 年，朴蕙燦卻幾個月前才開始創造屬於自己的家務世界。雖然長期與公婆同住，但身為一個出門上班的媳婦、以攝影為專業的母親，家裡的大小事幾乎都是由婆婆處理。直到不久前開設了自己的小工作室，才慢慢地讓塵封在箱子裡的收藏重見天日。

在工作室附設的小廚房中，暫時只是泡茶、盛裝點心等簡單的小事，但以朴蕙燦收藏的碗盤餐具來看，以後的發展應該無可限量，這個典雅玲瓏的空間，將來也會更具可看性。

經典康寧餐具的偏愛

經過間隔低淺、寬度狹窄的階梯，我們來到朴蕙燦的攝影工作室。門一打開，居然是戲劇化的逆轉。印入眼簾的是棉麻窗簾之間透著耀眼的陽光，灑落在充滿浪漫情懷的明亮空間，彷彿來到某個日本生活雜誌的居家布景。而她所收藏的餐具器皿，正靜靜躺在工作室一角，宛如靜物畫般精緻美麗。

「我最近迷上日本懷舊風格，也收藏許多經典的康寧餐具。」

從小就聽過的美國大廠康寧餐具，一開始並非她自己選購的「商品」，而是以「禮物」的身分來到她身邊。有些是拜訪伯父家時，因為喜歡而從伯母手中獲得，也有二姊夫發現自己母親的收藏品後，直接送給老么朴蕙燦。因為姊夫認為「蕙燦應該會喜歡」就送來的整箱康寧餐具，確實也遇見懂得珍惜的主人，受到非常良善的待遇。

但康寧具有特殊質感的餐具商品，大部分都不是陶瓷製品。康寧的碗盤大多是經由高溫壓縮的耐熱玻璃，只有馬克杯等少量商品是以陶瓷或石陶製成。耐熱玻璃製品不可使用含有拋光功能的清潔劑，潮濕的狀態遇到急遽的溫度變化，也有可能瞬間破裂。即使是肉眼看不見的微小裂縫，都有可能造成毫無預警的破裂，使用上必須相當留意。購買康寧的石陶或陶瓷商品時，都會看見「請勿長時間浸泡」與「加熱後容易因外力產生裂縫」等警語。

朴蕙燦的小巧碗櫃中，除了康寧系列商品，也有許多看得出個人喜好的舊餐具。除了讓人想起小時候扮家家酒的玻璃牛奶杯，最引人注目的就是 Cathrineholm 的湯鍋組。1950 年代創立於挪威的 Cathrineholm 餐具品牌，以「mid-century modern」為指標，將浪漫的鄉村風格推向全世界。外表花紋乍看狀似紅蘿蔔，但其實是以蓮

花為設計靈感，大膽採用鮮豔又不俗氣的橘紅色調。在既定的空間內，相互疊放的各種碗盤杯具，和顯色搶眼的橘紅湯鍋，形成強烈又有趣的對比。

分享的所得

朴蕙燦碗櫃中的收藏，大部分都是別人贈送的「禮物」，卻也有許多從這裡移動到朋友家的碗盤。沒有誇張驚人的數量，也沒有華麗成套的系列商品，她的碗櫃卻散發「這樣就足夠」的感覺。這是透過給予、分享而自然調節數量的效果嗎？

「有時候我會送人用過的餐具。只要遇到不會對二手器皿產生排斥，也會審慎對待、使用餐具的人，我就會放心與對方分享。」

在陶瓷器等同黃金般高貴的年代，同一套餐具從奶奶、媽媽的碗櫃一路流傳到女兒的手中，是相當稀鬆平常之事。歐洲人們至今仍會在特別的日子互相贈送碗盤。宛如必須經過高溫窯烤才能完成的陶瓷品，希望獲得禮物的人也能堅強度過人生考驗。其中英國人也會在生日或紀念日贈送高級的盤子，並在餐桌上使用該盤子時，對這個盤子的故事與人物侃侃而談，讓親人間的情感在世代交替中依然得以永續流傳。

從朴蕙燦手中流轉而出，充滿人情溫暖的碗盤，也會繼續在某

即使是將別人的禮物再轉
送出去，也要用簡單卻隆
重的包裝來表達心意。
隨手可得的舊報紙與細麻
繩，就能變化成相當符合
日式雜貨風格的外包裝。
再夾上一株可愛的鮮花，
整體質感更上一層。

堪稱「經典康寧」的耐熱玻璃（pyrex）茶杯與碟子。上方的茶杯是製造於
1960年代的Double Blue Band系列之一，具有簡約時尚的設計風格。下方的
茶杯則是1970年代生產的Spring Blossom系列商品。

個人家的廚房中，延續它的故事。藉由彼此轉贈、分享餐具器皿，這份心意和溫度也會傳遍每一家，在看似不同卻擁有微妙共通點的各家碗櫃，成為每一位主人心中美妙的緣分與回憶。

與攝影相仿的碗盤喜好

　　說不到幾句話就會被逗得哈哈大笑，朴蕙燦擁有少女般年輕的臉龐。或許這是用相機捕捉人們幸福剎那而累積的福氣。雖然聽到大女兒毫不留情地批評自己的手又乾又皺，還是會感到心酸。秉持著「若要擁有令人愛憐的眼，就必須看見他人的好」信念，她為幸福的新婚夫妻留下最美的瞬間、替可愛年幼的孩子捕捉人生紀念。透過光圈與鏡頭，拍攝的每一張作品，也都是她自己生命旅途的回憶片段。

　　她的部落格標題「以心攝影，畫作回憶」，完全反映朴蕙燦的喜好與風格。十分重視人情與溫度的個性，讓她的攝影作品和碗盤，在無意間產生奇妙的聯結與相似感。尤其是「擁有珍貴幸福的回憶」，更是兩者之間最大的重疊。在這個連強硬板金製造的汽車，也撐不過 10 年就會拋棄換新的年代，她卻將別人給的二手碗盤，視為蘊藏世代情感的寶物。

　　脆弱易碎的陶瓷碗盤，從母親的碗櫃流傳至女兒手中，這數十

年的時間重量，該如何計算？韓國陶瓷收藏家金載奎（音譯）的著作《魅惑的歐洲陶瓷器》中，曾說「即使不是專業的收藏家，大多數的主婦也已經擁有某種程度的收藏」。在我們眼中，朴蕙燦不僅收藏碗盤，也收藏各種溫暖的故事與回憶。

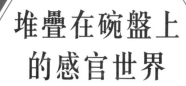

堆疊在碗盤上
的感官世界

金世煥
IINU PAN 主廚
料理生活家

一切要從 Royal Copenhagen 的咖啡杯開始說起。如同埋藏各式珍寶的神祕閣樓，網羅許多珍貴商品的 IINU PAN，坐在店內的餐桌前，宛如白鳥般優雅純潔的 Royal Copenhagen 咖啡杯，抓住我們的視線。捨得使用這種咖啡杯的餐廳，讓我們驚喜又好奇。充滿好奇心的眼神四處掃描，突然印度咖哩和 Nan 出現在狀似醬缸蓋子的盤子上，搭配橘黃、青藍和亮黃色小碟子，還有日式大碗裝著照燒蓋飯，讓人愈來愈看不清楚這間餐廳的真面目。

當我們看到盛裝沙拉的容器，甚至發出了驚呼：「什麼？這根本就不是餐具吧？」搭配著芝麻葉與韓牛肉的沙拉料理，放在一塊彷若教堂的彩繪玻璃上，如果說那是盤子，至少應該有相對應的平坦底部，但它卻搖搖晃晃，無法安穩放置於桌上。這讓我們的好奇心終於爆發，不顧一切向主廚提出採訪的邀請。當主廚金世煥一答應接受訪問，我馬上就問他：

「你知道這根本不是盤子嗎？」

一個像瓦片般的玻璃容器，成為我們進入金世煥的碗盤世界的契機。

是也好，不是也罷

　　讓人摸不著頭緒的金世煥，喜好與風格的主旨究竟為何呢？首先我們得到「要有趣」這個答案。

　　「我不喜歡無趣的事。只要看到有趣的碗盤，我就會開始想像，它可以盛裝什麼食物。雖然這片玻璃並不是真正的盤子，卻被我拿來當作盤子使用，不是很有趣嗎？」

　　雖然外表就像墨西哥餐廳常見的色調與紋路，卻因彩繪玻璃的材質而減少厚重感，也因此不太接近南美風情，反差與衝突感充滿趣味。但畢竟原本就不是餐具，只能盛裝蛋糕或沙拉等常溫或低溫的食材。只要不是專門製作成餐具食器，預熱就有可能產生有害的物質。

　　仔細觀察 IINU PAN 的內裝與擺設，不乏馬上就想在自己家實踐的創意點子。使用各種不同型態與色調的碗盤同時，卻選擇同一系列的水杯與刀叉。雖然每一張桌子的風格各有不同，但在同一張桌子上，卻會使用相同類型的水杯與刀叉，讓因為繽紛碗盤而容易變得混亂的餐桌，隨時保持在秩序和一貫性的底線。以白色大盤盛裝

1 坐落在斜坡邊的IINU PAN，寧靜社區的私房用餐天地。
2 店內使用的碗盤器皿，各形各色又微妙地相似。
3 相同特色與質感的杯子聚集在一塊，產生和諧的統一感。
4 店內最具特色的牆邊座位。同時兼屬室內與戶外，空間氣氛十
　分奧妙，也是夜間電影套餐的開放場地。

主食，再配上五顏六色的分食碟，大幅提升整體視覺上的活潑感。配菜種類繁多的醬油味噌拌飯與日式照燒雞肉蓋飯，則是用各種不同高度的大小碗類，營造富有生氣的韻律感。

若想讓碗盤的功能發揮到極致，就必須伴以適合的內容物。金世煥的祕訣是「三角構圖法」。特別是蛋包飯、沙拉、麵包等多種餐點要放在同一個大盤子時，只要能妥善運用三角構圖法，任何人都能在家享受餐廳的氣氛。曾修習食物造型設計師（food stylist）課程的金世煥，也再三強調色系調和的重要性。

「雖然我看見有趣的器皿，首先想到的是該放何種料理進去，但最重要的還是料理的顏色和特性是否相符。」

此話一出，餐桌上以橙紅色盤子盛裝的綠色蘿蔓葉，突然變得十分鮮明搶眼。充滿綠意的沙拉料理，使用紅色系木製大碗或盤子，這樣的品味也值得我們採納學習。

以趣味為最高宗旨的喜好，也包含「金屬風」與「復古風」。其實只要一步進這間餐廳，不難發現他對復古風（vintage）的喜愛。vintage本意原指紅酒的年份，近來則引申為早期年代的物品和風格。IINU PAN各個角落都充滿經典復古的韻味，無論是因為喜歡或有趣而買回來的碗盤，大部分也都蘊藏著復古情調。在古裝劇才能見到的老舊托盤，飽受歲月洗禮的漸層彩色盤，以及遊走在俗氣與時尚

界線中的各種碗類，只要稍加觀察，就能發現它們都有一定的年紀。當我得知他平常採買和思考的地方，是首爾市以二手與古董商品著稱的黃鶴洞地區，我彷彿找到關鍵的最後一塊拼圖。

「我喜歡擺脫流行的東西。黃鶴洞的商街充滿驚喜，讓我時常有意外的收穫，也能享受突然對某個碗盤一見鍾情的刺激感。」

我認識的許多主廚，都喜歡去黃鶴洞採買。不單純只是因為價格低廉，還有倒閉餐廳的大量餐具拋售、為了降低庫存而舉辦清倉拍賣的品牌陶瓷器，方便一次購足需要多數的相同商品。在金世煥的眼中，黃鶴洞不僅是可以在價格與趣味上同時滿足的實用性批發市場，也讓他期待遇見完全不可考究出處，如同命運般相遇的古物碗盤。

親自下廚的食物造型設計師

「我以前是職業軍人。」

他接受採訪後的第一句話，讓我們瞬間掉入他的回憶漩渦。感覺眼前似乎即將展開一段曲折離奇、精采刺激的人生故事，讓我們非常興奮。

「獲得高中學費獎助並完成基本訓練後，我進入空軍擔任副士官。當我的役期即將服滿，我開始想要接觸完全不同的領域。因為

我對美食和時尚有興趣，一開始先在美式餐廳工作，也在東大門賣衣服。」

經歷時光荏苒與社會磨練，他開始將目標鎖定在美食之路。某天偶然在地鐵站看見食物造型設計學院的廣告，因而下定決心學習料理。

進入韓國首創的食物造型設計學院，遇見許多專業教師，度過一段邊工作邊學習的生活，包括集結全世界料理精髓的 O Kitchen，以及知名古典餐廳 Song's Kitchen。

他能以半路出師的方式，在競爭激烈的料理之路存活下來，我想是因為他的軍人本色。大餐廳的廚房非常嚴格，又需要鋼鐵般的體力與耐力，忙碌起來如同世界末日，空氣的溫度就像天堂路一樣炙熱，「hell's kitchen」的傳說並非空穴來風。從年輕就接受軍事訓練的金世煥，利用堅忍不拔的精神，越過從零開始的重重考驗，順利登上專業廚師的巔峰。

經歷廚房員工的煎熬，成為獨當一面的食物造型設計師，IINU PAN 正是第一個屬於他的工作室。但後來擴展成特色餐廳，發現要同時兼顧造型設計和美食料理，根本是「不可能的任務」，才專注於主廚的工作。即使暫停食物造型設計師的工作，他也透過餐廳布置與碗盤餐具，成為獨樹一格的料理品味家。不斷思索新菜單，再搜尋相襯的碗盤器皿，流連於黃鶴洞的商街，在創意的變化與配置

中，追求料理上的新境界。金世煥有時也會參與餐廳裝潢，雖然不是自己熟知的領域，或許只是換個方式，讓食物造型設計師的概念得以延伸。

樸實的飯館，IINU PAN

IINU PAN的名片上「飯館（eatery）」一詞，令人不禁玩味。常見的餐廳（restaurant）具有類似的意義，卻特地選用帶有樸素與家常味道的詞彙，與店內實際的舒適氣氛及菜色風格毫無違和。西式早午餐、韓國味噌拌飯、照燒蓋飯與印度咖哩，特色異國美食一次滿足，美味程度也都在水準之上。店內使用的培根、熱狗與火腿均為親自手工燻製，不時替換的菜單與室內布置，老主顧也能感受驚喜新風貌。夜間還有開放席地而坐的電影套餐時間，成為鄰近社區小有名氣的用餐與休憩之處。

IINU PAN

地　　址｜首爾市城北區城北洞112-1
電　　話｜070-6473-9869
營業時間｜12～24時，午間休息15～17時（週一公休）

餐廳碗盤採購法

採購餐廳用的碗盤餐具時，必須顧慮許多條件。只要順利找到符合需求的碗盤商品，創業起頭的難度自然也會大幅下降。

☐ 1. 價格已經夠便宜了嗎？

面對一個全新的開始，總會希望能夠用上好的碗盤。但除了碗盤餐具，還有很多地方需要花錢。建議撥出一段較充分的時間，慢慢在二手市場中選購，可用平實的價格買到許多相同款式的碗盤。即使品質相差不遠，價格也比市面低廉，全新塑膠製品的費用，說不定可以在二手市場買到不錯的陶瓷器。儘可能找到節省預算的方法，避免想要省麻煩或省時間而衝動購買。

☐ 2. 碗盤破損時，容易添補嗎？

使用頻率與上餐速度等原因，導致餐廳裡碗盤的破損率也極高。因此選購碗盤時，以可迅速添補相同款式者為佳。即使具有良好的襯托料理效果，但若是一旦打破就難以找到相同或相似商品，就應該要再多加考慮。

□ 3. 便於收納保管嗎？

依照實際收納空間的大小，選擇尺寸適中的碗盤也很重要。相同款式的碗盤，必須要有足夠的空間可以疊放，也應盡量避免有手把或邊耳等不易堆疊收納的設計。另外也必須考慮碗盤放入洗碗機或流理槽時占據的空間，若是造型起伏過大或裝飾過多的碗盤器皿，會使空間效率及處理速度低落。

□ 4. 與餐廳的料理是否相襯？

餐廳中使用的碗盤器皿，當然必須符合餐廳的整體主題與料理風格。用盡心力製作的法式佳肴，怎麼可以放在家庭用的塑膠餐盤上？辣炒年糕或刀削麵等家常菜色，也和精緻高價的雕花瓷盤搭不上線。充滿反映餐廳走向，有效傳遞料理的心意，才是最適合的商品。

Vintage，過往時代的鄉愁

在時尚圈，vintage一詞泛指1920到1980年代之間的所有事物。不過跳脫如此僵硬的時代分割，我們可以用更輕鬆的態度看待。從跳蚤市場挖回來的寶藏，也要經過巧手妝點，才能重新散發它應有的光芒。

極簡，或豐盈　特別的古物碗盤搭配簡單無華的其他餐具，就能顯現耀眼的復古風韻；但意外地，色調或設計簡單的碗盤卻難以尋獲。若反其道而行，適度混搭摩登或北歐風格，不僅不會造成相互拉扯的反效果，反而產生不可言喻的融合感。

尋找復古亮點　來自過往時代的舊碗盤，許多都因圖樣過於華麗而令人感到為難。如果剛好擁有幾個這種碗盤，可以試著搭配玻璃、木製或金屬等自然風素材，將重點強調在舊碗盤的復古韻味，又不流於俗氣。

鄉村傳統復古

照片中托盤的年代已不可考，充滿幾何立體感的圖樣，卻逕自證明它的歲月與歷史，幾何學風格的圖樣至今仍是常見的家庭裝潢元素，在流行時尚的浪濤中屹立不搖。挑選幾樣圖樣類似的配件與傳統瓷器，時光彷彿靜止在純樸無爭的那一年。

Thanks to

Wedgwood

1759年設立於英國的Wedgwood，與同時期的歐洲陶瓷品牌有著與眾不同之處。當時歐洲人將輕質瓷器稱為「白色黃金」，象徵財富與權力，皇室貴族們紛紛成立自己的陶瓷工廠，大部分也成為今日歐系品牌的始祖。而當時Wedgwood品牌的創始者，則是以從小耳濡目染的陶藝生活與經驗為基礎，用高超的技術打動了王妃，被賜予「皇家」的頭銜而聲名大噪。Wedgwood品牌的行銷策略，至今仍是經營與市場領域的知名範例。

Wedgwood的迅速成長，是伴隨著名為「Queen's ware」的奶油色陶瓷品系列

上市而來。當時的王妃非常讚嘆這套奶油色系列商品的工法，允諾將這套商品稱為「女王的瓷器」，從此成為由皇室品質保證的品牌，也被全世界的收藏家列為「must have」必買清單之一。之後1768年由黑陶器獲得靈感的「Black Basalt」（黑岩）系列，以及1774年的「Jasper」（玉石）系列，都成功引起旋風式的熱潮，讓Wedgwood品牌幾乎成為潮流與品味的代名詞。

Wedgwood已從原始的陶瓷工藝，成功跨足水晶、織物、高級食材與茶葉茶器事業，販售據點也散布歐洲、北美、中國、俄國等全世界90多個國家。

www.wedgwoodkorea.com
www.facebook.com/wedgwoodkorea
02-3446-8330

Royal Copenhagen

以青藍色蕾絲花紋的瓷器，擄獲眾多女性青睞的Royal Copenhagen，1775年在丹麥皇太后的支持下正式成立，至今仍保持手繪上色傳統，同時保有優雅精緻的實用價值，以及誠心誠意的匠人精神。丹麥當地幾乎將此品牌視為文化遺產，持續邀請當代藝術家與設計師，在傳統的基礎上，綻放燦爛的新火花。

主要產品除了從設立到現在持續提供丹麥皇室結婚、宴會等官方活動的「Flora danica」系列、傳統的「Blue plain」系列、年輕設計師Karen Kjældgård-Larsen重新詮釋的「Mega」系列、以纖細蕾絲點綴的「Princess」以及從亞洲文化獲取靈感的「Palmette」系列等，購買一年內可以享有一次免費破損換新。

www.royalcopenhagen.co.kr
02-749-2002

She's Zimmer
自1993年開始，以進口並販售廚房用品起家，擁有實體及網路商店，囊括Rör-strand、iittala、Joseph Joseph等近年最夯的品牌，以及歷史悠久的傳統品牌Wannabe等應有盡有，Denby和Emile Henry等石陶器商品也有豐富的系列任君選購。另外也有平底鍋、湯鍋等廚房用具，Yankee Candle等生活用品。只要密切注意優惠檔期，就能在網路商店中，買到比實體店面更便宜的商品。

www.sheszimmer.com
1899-1210

Nesshome
在韓國最大入口網站Naver的部落格起

Caffe Museo

義大利文「咖啡博物館」之意的Caffe Museo，在韓國尚未形成手沖咖啡熱潮前，就已進口並展售摩卡壺、濾紙等各式咖啡用具多年。除了各個品牌與款式的摩卡壺，BODUM（丹麥的波頓）、illy Art Collection（義大利的伊利）、LOVERAMICS（香港的愛陶樂）、d'ANCAP等瓷器品牌，ALESSI（義大利的艾烈希）、Eva Solo（丹麥的艾娃·索羅）等餐廚用品品牌也是店內的主力商品。咖啡愛好者可在這裡一次購足生豆、自家烘焙豆、手沖咖啡用具及烘豆機具。店家也會舉辦公開講座或咖啡相關課程，並將課程所得捐贈慈善機構。

介紹商品的網頁均附有瓷器及咖啡相關連結，逛一圈網站，會有超乎想像的收穫。宛如雜誌般豐富的網頁，詳細介紹商品相關的使用方法、背景知識與心得感想，還有負責提醒優惠品項與期間的日曆功能，稍有瑕疵的商品也會在網站上進行特賣。

家，擁有大批會員與人氣的手作設計織品專門店，每月推出10餘種新款式，利用網路優勢，隨時與顧客保持緊密聯繫與商品反應。同時透過專屬的消費者團體親自試用，並提供各自的運用方案，最後將結果集結成書，介紹給更廣大的消費族群。第一手獲得消費者反應及取向，Nesshome（家紡）總是能站在潮流前線，推出符合大眾口味的織物、布品、小物、貼紙等種類繁多的生活用品。實際使用者將心得與照片分享至網站上，可愛又有創意的織品變化，讓人逛一整天也不會膩。

www.nessgroup.co.kr
1588-4803

www.caffemuseo.co.kr
02-2607-0918

natural gift

人人懼怕環境荷爾蒙與有害物質的時代，natural gift提供的碗盤餐具，或許能讓人安心不少。natural gift專門進口並展售歐洲及美國產的自然素材碗盤，包括芬蘭的木器品牌Moneral、法國橄欖木製品Bérard、芒果木製作的食器品牌Enrico等。若想要不會摔破、質量輕盈且符合環保條件的兒童餐具，可以選擇以甘蔗和玉米萃取物製成的Zuperzozial商品。從材料、配件、印刷都是天然成分製造，完全不含環境荷爾蒙，也能100%生物分解，明亮的色調和圖樣也深受孩子們喜愛。再搭配完美重現石紋質感的Slate商品，讓餐桌氣氛更加接近舒適輕鬆的大自然風格。

www.naturalgift.co.kr
031-916-0370

casamia

提供家具、寢具、廚房用品、生活小物、布簾織品等居家所需商品的home living（家居）品牌，最大的優勢就是多樣化的商品範疇、款式及價格。三十多年來持續展現極高品味的生活潮流，擁有數間大型展售中心與網路商店。2011年更以直營的Lacasa鄉間別墅（飯店）、Casameal咖啡廳，以及提供倉儲保管服務的Casa Storage，讓消費者可以直接感受casamia商品的魅力，大幅伸展企業觸角。

www.casamia.co.kr
1588-3408

芬蘭餐具品牌代理 Ewa

以芬蘭生活風格為主要走向的瓷器專賣店，直接與芬蘭Boleslawiec地區的瓷器工坊或製造廠商訂定合約，進口並展售多種系列與款式的高品質瓷器，目前也正在開發只有在Ewa才看得到的獨家商品。初期主要進口碗盤及杯具，近來也逐漸擴展至陶瓷製造的居家飾品。

www.ewapoland.com
010-8899-9232

Mugen International

進口碗盤器皿與眾多生活用品的Mugen International，從2003年初始的日本Kyocera（京陶），逐步拓展至iittala、Rörstrand（瑞典皇家羅斯蘭）、Höganäs Keramik（瑞典的赫格納斯）、Åry Trays等高級生活品牌。原本以百貨公司專櫃為主要營業方式，不久前也設立網路商店mugenmall，以及直營的咖啡廳兼展售場Edelbaum。雖以瓷器商品為主力，玻璃製品、刀叉、托盤等廚房用具，以及桌椅等簡易家具也具有高人氣，適合喜歡堅固沉穩的北歐風餐廚具的消費者。

www.mugenmall.com
02-706-0350

Romantics-nest

法國仿古家具專門店，展售各式仿古家具、照明、布簾及家飾用品，以及Haviland品牌的仿古餐具系列。穿著雪紡紗裙，擺動著輕盈裙襬的女人，被印在餐盤的中央，還有附蓋的芙蓉造型茶器，都是極具創意與高貴氣質的Haviland系列商品。

romantics-nest.com
010-8474-4646

French Bull

以大膽色調與多彩圖樣聞名的全系列生活品牌French Bull（法國鬥牛犬），2001年由原屬Fiorucci、Tommy Hilfiger的設計師Jackie Shapiro推出，以新時代眼光重新詮釋1960～1970年代的美式復古風，鮮豔繽紛的用色廣受歡迎。主要商品除了餐具器皿，還有廚房料理用具與相關配件，其中色彩與圖樣豐富，質地輕盈不易破損的美耐皿碗盤，十分受到親子家庭青睞。

www.frenchbull.co.kr
031-903-9473

g:ru Fair Trade Korea

長年支持公正貿易的韓國當地社會性企業Fairtrade Korea旗下品牌，同時擁有網路及實體店面，囊括服飾、包包、圍巾等時尚品，巧克力、咖啡等食品，以及反壓榨兒童工廠製造的足球等，各式各樣的公正貿易商品。碗盤器皿可於生活部門選購，近來也大幅增加咖啡機具、馬克杯等品味商品。

---

www.fairtradegru.com
02-739-7944

旰一窯

設立於1978年，堅守「藝術從未脫離生活」的價值觀，持續推出堪稱藝術品的生活瓷器。商品以傳統白瓷為主力，同時代理展售韓國知名陶藝家金益寧的作品，不斷將傳統瓷器推向全新領域。除了在韓國當地被譽為頂尖大師等級的旰一窯白瓷碗盤系列，寬缽（口緣與底部幾乎等寬的大碗）、花瓶、醬缸等器物，以及鴨子、馬、秋田犬等動物形狀的擺飾，都是旰一窯備受推崇的商品。雖然有網路商店，建議以前往實體店面親自感受作品觸感與細節為佳。每年春季都會推出清倉優惠，可隨時注意官網消息。

---

www.wooilyo.com
02-764-2562

Le Creuset

以色彩鮮明的鑄鐵鍋系列而聞名的法國餐廚品牌Le Creuset，1925年由鑄鐵大師Armand Desaegher與彩色琺瑯專家Octave Aubecq共同創辦，結合傳統的鑄鐵廚具與華麗色系，成為新世代家庭必備鍋具品牌。碗盤食器以高溫1200度窯燒而成的石陶製品為主，同樣具有特殊手感的個性色調。除了知名的鑄鐵鍋、石陶器皿，其他如不鏽鋼鍋、廚房配件用具等系列，都是廣受歡迎的人氣熱銷品。

---

www.lecreuset.co.kr
070-4432-4133

SKAN

由反映北歐文化與生活風格的SWEKO International開設的生活用品店，舉凡碗盤、餐廚具、家飾等各種品味商品，都充滿優雅的北歐風情。設計簡約的Sagaform、Konstig Design、Kosta Boda（瑞典的珂絲塔）的玻璃系列，與各式皮革製品、家具等，也都是SKAN網羅而來的多樣化商品。

www.skan.kr
02-3444-0608

茶文化&茶碗之愛

致力推廣茶道文化，販售各種茶類、韓國知名茶具藝術家的作品、茶道用品以及紫砂壺等。不僅持續支持知名大師的創作作品，同時接納許多新銳藝術家的新興風格，詳細標明茶碗器皿的尺寸、釉藥，為剛接觸茶文化的入門者，提供良好的指引與示範。

teaculture.kr
053-311-0527

Elin & Irene's Sweet Kitchen

親手製作美味料理與甜蜜點心的Elin與Irene姊妹專屬部落格。利用澳洲留學的空檔，攜手介紹各種新鮮的食材與創意料理。

blog.naver.com/sh88723

台灣進口品牌代理與店鋪

精緻品牌

Wedgwood瑋緻活

自1759年創立，兩百多年的歷史讓Wedgwood成為英國國寶級品牌，也是瓷器產業的經典代表。Wedgwood以精緻骨瓷聞名，產品具有良好的保溫及透光性質，也比一般瓷器的質地堅硬，兼具美觀與實用的特色。

台灣分公司：
www.wedgwood.com.tw
02-2550-8000

Royal Copenhagen
皇家哥本哈根名瓷

Royal Copenhagen至今已走過240個年頭，並以最高標準的精湛工藝完成每一件作品，其中最為知名的即是純手工製造及精緻手繪的藍白瓷。Royal Copen-

Le Creuset

2008年Le Creuset成立台灣分公司，是法國的老品牌也是最頂級品牌的鑄鐵鍋。色彩豐富、設計創新，擁有絕佳的保溫性，琺瑯塗層可以讓鑄鐵層避免生鏽。鑄鐵鍋提供平均的熱力保留食物的美味，Le Creuset也因多功能的實用便利特性，受到許多消費者的喜愛。

台灣分公司：
www.lecreuset.com.tw
02-2546-9890

ALESSI艾烈希

1921年於義大利北方由Giovanni Alessi
成立。其設計的居家生活用品獨特創新且
顛覆傳統，同時兼具風格美學與便利性。
ALESSI目前也與三百多位知名設計師合
作，創造出美麗的居家生活用品，不僅榮
獲國際設計大獎，亦被美國紐約及巴黎的
知名博物館收藏。

台灣分公司：
www.alessi-funclub.com.tw
0800-231-444

Rörstrand瑞典皇家羅斯蘭

世界著名瓷窯之一，為歐洲第二古老的名
窯。其精緻的骨瓷與白瓷受到許多消費者
喜愛，近年更是融合現代創新元素，展現
不凡的品質及品味。Rörstrand也擁有一座
皇家羅斯蘭瓷窯博物館，展出許多深具歷
史意義和價值的珍貴收藏，讓民眾得以一
睹風采。

台灣代理：
皇家哥本哈根台灣分公司
www.royalcopenhagen.com.tw
02-2706-0084

iittala

1881年創立的芬蘭國寶級品牌，以玻璃瓷
器聞名於世。iittala在經歷多次合併之後，
擁有許多海內外知名設計師，其設計簡約
純粹，兼具質感、美感與生活實用性，融
合時尚及工藝品的溫暖也是一大特徵。目
前亦在台北、台中設立專櫃。

台灣代理：
皇家哥本哈根台灣分公司
www.royalcopenhagen.com.tw
www.facebook.com/iittalaTaiwan
02-2706-0084

Denby

英國品牌Denby由陶藝家威廉伯內創立，
至今已超過200年歷史。產品不僅融合時
尚經典與鄉村居家的風格，結合科技與精
緻手工，由技藝精湛的工匠打造而成，呈
現完美且實用的獨特餐具。

台灣代理：
居禮名店
www.mylife.com.tw
02-2702-7717

BODUM波頓

來自丹麥的品牌，1944年由Mr. Peter Bodum創立，2002年推出純手工吹製的雙層玻璃杯風靡全球。這些美麗的玻璃雙層杯來自世界各地的工廠，杯子的邊緣及杯身甚至可以看到些微氣泡或是稍微不平整的細節，皆是純手工製作的最好證明。

台灣代理：
恆隆行貿易股份有限公司
www.hlh.com.tw/#brands
www.facebook.com/ebodum.taiwan
0800-251-209

Eva Solo艾娃‧索羅

創立於1913年，來自丹麥的Eva Solo可說是北歐國家的代表品牌，「做出簡單、漂亮且真正有用途的產品！」則是Eva Solo一貫的設計理念。不僅常獲得全球國際設計獎項的肯定，所堅持的美學設計精神至今仍然不變，也因此能夠讓美好的作品成為經典。

台灣代理：
北歐櫥窗
www.nordic.com.tw/
02-8772-6060

Royal Worcester

1751年時由John Wall與William Davis創立，是英國歷史最悠久的經典名瓷。因獲得英皇喬治三世喜愛，而正式成為皇室御用並授予冠上「Royal」之名。產品手工精細，對於品質和技術始終堅持完美，在藝術家的巧手之下，也以獨特的手工描繪圖案展現優雅品味。

台灣代理：
居禮名店
www.mylife.com.tw
02-2702-7717

Royal Albert

其產品結合了最為細緻的高純度骨瓷，與代表著英國式優雅浪漫的花卉設計，創造出經典不退流行的華麗瓷器。每年不僅有百萬件產品銷售至全球各地，英國女王伊莉莎白二世也曾特別表揚Royal Albert對英國的貢獻，並授予皇家認證。

台灣代理：
居禮名店
www.mylife.com.tw
02-2702-7717

studio m'

以手工製作器皿起家，是擁有27年歷史的日本品牌。作品系列相當豐富多元，價格也很親民。studio m'將食器視為家庭的一部分，色調材質樸素又實用，如同食物的原味，強調「簡單」的理念。不須特別講究的搭配，便能與生活自然地結合在一起，形成自己家裡獨有的風格。

台灣代理：
mama de maison
www.mdm.tw/
02-2966-8189
小器赤峰28
www.facebook.com/Chifeng28
02-2555-6969

DANSK

Kobenstyle琺瑯鍋是此品牌中最著名的產品，自1956年開始生產，其特色為把手上的三個凸點及可當成隔熱墊使用的十字型鍋蓋。Kobenstyle在60年代非常流行，期間經歷二十多年的停產，但所幸DANSK決定在2012年重新復刻生產，讓大家回憶裡的美麗設計得以繼續流傳。

台灣代理：
巢家居
www.nestcollection.tw/index.php/cm_blog/
story/view/DANSK
0800-058-817

特色店鋪

米力生活雜貨鋪/溫事

由插畫家米力開設，主要販售推廣日本器物雜貨，原本以網路經營為主，其後實體店鋪「溫事」於2012年開張，店名擁有溫暖的小事之意，期望讓來訪的人以真心交流、感受到溫暖與美好。

www.millyshop.net
www.facebook.com/米力生活雜貨鋪溫事
-105945372760194
台北市中山區中山北路一段33巷6號
02-2521-6917

PEKOE食品雜貨鋪

2002年由飲食旅遊生活作家葉怡蘭所創設，在2008年時，實體店鋪正式誕生。PEKOE精心蒐羅各式食材、餐具、特色產品等，其中更有野田琺瑯、日本國寶級品牌「柳宗理」以及Le Creuset……等知名器皿。

www.yilan.com.tw/html/modules/mymall/
www.facebook.com/PEKOE.TW
台北市大安區敦化南路一段295巷7號
02-2700-2602

小器生活道具

小器品牌由旅日多年的江明玉創辦，除了2012年開張的小器生活道具，也另有小器食堂、小器藝廊等不同店型。小器生活道具分別於台北、台中開設，店內集結一百多個日本品牌的生活道具，獨具風格的杯盤器皿，不僅可讓人塑造自我風格，也能因此找到生活的美好。

www.facebook.com/thexiaoqi
台北市赤峰街29號
02-2552-7039
www.facebook.com/xiaoqispace
台中市大容東街17號
04-2328-8538

餐桌上的鹿早

隱身在台南巷弄之間的小小店鋪，主要販售日本進口的瓷器餐具，琺瑯、木質、古董、小物等等各式各樣的風格商品，豐富程度皆能滿足尋寶者的期望。除實體店面販售以外，也能透過官網購買洽詢。

www.deerhouse.com.tw/
www.facebook.com/餐桌上的鹿早生活食器
-1416612185254113
台南市中西區衛民街70巷30號

作　　者	張　旻、朱允庚
譯　　者	邱淑怡
編　　輯	鄭婷尹
美術設計	吳怡嫻
校　　對	鄭婷尹、李瓊絲

發 行 人	程顯灝
總 編 輯	呂增娣
主　　編	李瓊絲
編　　輯	鄭婷尹、陳思穎、邱昌昊、黃馨慧
美術主編	吳怡嫻
資深美編	劉錦堂
美　　編	侯心苹
行銷總監	呂增慧
行銷企劃	謝儀方、吳孟蓉

發 行 部	侯莉莉
財 務 部	許麗娟
印　　務	許丁財
出 版 者	四塊玉文創有限公司

總 代 理	三友圖書有限公司
地　　址	106台北市安和路2段213號4樓
電　　話	(02) 2377-4155
傳　　真	(02) 2377-4355
E - m a i l	service@sanyau.com.tw
郵 政 劃 撥	05844889 三友圖書有限公司

總 經 銷	大和書報圖書股份有限公司
地　　址	新北市新莊區五工五路2號
電　　話	(02) 8990-2588
傳　　真	(02) 2299-7900

製版印刷	皇城廣告印刷事業股份有限公司

初　　版	2016年1月
定　　價	新臺幣350元
I S B N	978-986-5661-54-0（平裝）

別人家的碗櫃
一只碗一對杯
都是故事

國家圖書館出版品預行編目(CIP)資料

別人家的碗櫃：一只碗一對杯都是故事/ 張旻, 朱允庚著；
邱淑怡譯. -- 初版. -- 臺北市：四塊玉文創, 2016.01
　　面；　公分
　　ISBN 978-986-5661-54-0(平裝)

　　1.食物容器 2.餐具

427.9　　　　　　　　　　　　　　　104026282

英國Denby丹貝陶瓷

已有超過200年歷史的英國Denby陶瓷，迄今仍堅持在英國製作生產每一件陶瓷，以高品質的餐具建立了國際性的名譽。

Denby將傳統手工與現代高科技結合，每一件陶瓷必須經過至少25雙技藝精湛英國工匠的手與無數測試，確保達到握感的舒適度與完美。Denby融合現代英國居家風格與時尚經典元素，完美打造符合現代人對實用功能的需求與期許的餐具。

居禮名店　讀者憑券優惠

CURIO BOUTIQUE
居禮名店

服務專線 (02)2702-7717　www.mylife.com　 居禮名店

親愛的讀者：

感謝您購買《別人家的碗櫃：一只碗一對杯都是故事》一書，為回饋您對本書的支持與愛護，只要填妥本回函，並於 2016 年 3 月 14 日前寄回本社（以郵戳為憑），即有機會抽中「英國 Denby 典藏系列五色淺碟（中）」乙個（共五名）。

姓名 _____　　出生年月日_____

電話 _____　　E-mail _____

通訊地址_____

臉書帳號 _____

部落格名稱 _____

1 年齡
□ 18 歲以下 □ 19 歲～ 25 歲 □ 26 歲～ 35 歲 □ 36 歲～ 45 歲 □ 46 歲～ 55 歲
□ 56 歲～ 65 歲 □ 66 歲～ 75 歲 □ 76 歲～ 85 歲 □ 86 歲以上

2 職業
□軍公教 □工 □商 □自由業 □服務業 □農林漁牧業 □家管 □學生
□其他 _____

3 您從何處購得本書？
□網路書店　□博客來　□金石堂　□讀冊　□誠品　□其他 _____
□實體書店 _____

4 您從何處得知本書？
□網路書店　□博客來　□金石堂　□讀冊　□誠品　□其他 _____
□實體書店 _____　　　□ FB(微胖男女粉絲團 - 三友圖書)
□三友圖書電子報　□好好刊（季刊）　□朋友推薦　□廣播媒體 _____

5 您購買本書的因素有哪些？（可複選）
□作者 □內容 □圖片 □版面編排 □其他 _____

6 您覺得本書的封面設計如何？
□非常滿意 □滿意 □普通 □很差 □其他 _____

7 非常感謝您購買此書，您還對哪些主題有興趣？（可複選）
□中西食譜 □點心烘焙 □飲品類 □旅遊 □養生保健 □瘦身美妝 □手作 □寵物
□商業理財 □心靈療癒 □小說 □其他 _____

8 您每個月的購書預算為多少金額？
□ 1,000 元以下 □ 1,001 ～ 2,000 元 □ 2,001 ～ 3,000 元 □ 3,001 ～ 4,000 元
□ 4,001 ～ 5,000 元 □ 5,001 元以上

9 若出版的書籍搭配贈品活動，您比較喜歡哪一類型的贈品？（可選 2 種）
□食品調味類 □鍋具類 □家電用品類 □書籍類 □生活用品類 □ DIY 手作類
□交通票券類 □展演活動票券類 □其他 _____

10 您認為本書尚需改進之處？以及對我們的意見？
_____

感謝您的填寫，
您寶貴的建議是我們進步的動力！

◎本回函得獎名單公布相關資訊
得獎名單抽出日期：2016 年 3 月 17 日
得獎名單公布於：
・臉書「微胖男女編輯社 - 三友圖書」https://www.facebook.com/comehomelife
・痞客邦「微胖男女編輯社 - 三友圖書」http://sanyau888.pixnet.net/blog